BB
Management

ARBEITSHEFTE FÜHRUNGSPSYCHOLOGIE

Herausgegeben von

Prof. Dr. Ekkehard Crisand, Wilhelmsfeld und
Prof. Dr. Gerhard Raab, Ludwigshafen

Band 56

Motivation durch Zielvereinbarungen

Engagement in der Arbeit –
Erfolg in der Umsetzung

von

Antje I. Stroebe

Dipl.-Ökonomin, Management-Trainerin
Frankfurt am Main

und

Dr. Rainer W. Stroebe

Dipl.-Psychologe, Management-Trainer
Wörthsee

2., überarbeitete Auflage 2006

Mit 39 Abbildungen sowie zahlreichen
Tabellen und Checklisten

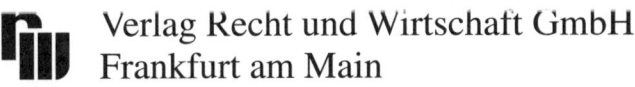 Verlag Recht und Wirtschaft GmbH
Frankfurt am Main

Bibliografische Information Der Deutschen Bibliothek

Die Deutsche Bibliothek verzeichnet diese Publikation in der Deutschen Nationalbibliografie; detaillierte bibliografische Daten sind im Internet über http://dnb.ddb.de abrufbar.

ISBN-13: 978-3-8005-7328-8
ISBN-10: 3-8005-7328-8

© 2006   Verlag Recht und Wirtschaft GmbH, Frankfurt am Main

Druckvorstufe: H&S Team für Fotosatz GmbH, 68775 Ketsch

Druck und Verarbeitung: freiburger graphische betriebe GmbH & Co. KG, 79108 Freiburg

Umschlagentwurf: Konrad Peter Zug, 69488 Birkenau

♾ Gedruckt auf säurefreiem, alterungsbeständigem Papier, hergestellt aus chlorfrei gebleichtem Zellstoff (TCF-Norm)

Printed in Germany

Vorwort zur 2. Auflage

Wenn man einen der Praxistexte von Rainer W. Stroebe vorliegen hat, weiß man, dass man sich auf eine zugleich erfahrungsgesättigte und anspruchsvolle Lektüre freuen kann. Nun hat Antje Stroebe zusammen mit ihrem Vater ein Buch geschrieben, und wieder einmal bestätigt sich die alte Erkenntnis: Der Apfel fällt nicht weit vom Stamm. Das Buch über „Motivation durch Zielvereinbarung" ist didaktisch klug aufgebaut, locker und amüsant zu lesen (wobei mir natürlich besonders gut die zahlreichen Cartoons und lockeren Sprüche gefallen haben, die immer wieder den Nagel auf den Kopf treffen und die abstrakteren Aussagen des Textes hervorragend verankern).

Seit den Tagen des „Management by Objectives" ist die Diskussion um Zielsetzung und Zielvereinbarung nicht abgerissen und hat zahlreiche (manchmal auch nur kosmetische) Innovationen angeregt. Diese Diskussion für Praxiszwecke zu resümieren ist Anliegen des vorliegenden Bandes, dessen Stärke darin liegt, dass der Leser bzw. die Leserin immer wieder dazu angehalten wird, die Ausführungen auf die eigene Praxis zu beziehen, sich selbst zu prüfen und konkrete Veränderungen im eigenen Arbeitsbereich zu planen und anzugehen. Dabei wird eine Fülle von Informationen ausgebreitet, die eine vertiefte Diskussion in Seminaren oder Erfahrungsgruppen verdienen. Die durchgängig pragmatische Ausrichtung ist keineswegs mit Theorieabstinenz verbunden – aber theoretische Reflexionen werden nicht aufgedrängt, sondern zum selbstständigen Nach-Denken angeboten – und dafür gibt es reichlich Anlass.

Ich wünsche den LeserInnen beim Durcharbeiten viel Erkenntnisgewinn und Lesespaß!

Mai 2006

Professor Dr. Oswald Neuberger

Inhaltsverzeichnis

Abkürzungsverzeichnis

BSC = Balanced Scorecard
EVA = Economic value added
MbO = Management by Objectives
ROI = Return on Investment
SGE = Strategische Geschäftseinheit

1. Einleitung – Warum dieses Buch?

„Die Welt tritt zur Seite,

um jeden vorbeizulassen,

der weiß,

wohin er geht."

(D. S. Jordan)

„Leadership und Management ist die Fähigkeit, Ziele mit anderen und durch andere zu erreichen."

Wir sind überzeugt, dass Menschen Ziele brauchen, viele diese aktiv suchen – um ihr Leben und ihre Arbeit motiviert-erfolgreich zu gestalten. In diesem Buch geht es darum, wie Ziele und Zielvereinbarungsprozess motivierend gestaltet werden.

Denn Lebenskunst ist es, Ziele zu haben, die des Einsatzes wert sind.

Wir wollen mit diesem Buch Führungskräfte dabei unterstützen, in der Praxis durch einen professionell gestalteten Zielvereinbarungsprozess eine hohe Motivation zu generieren. Der Philosophie der „Grünen Reihe" entsprechend werden die methodischen Grundlagen kurz erläutert, mit Beispielen aus der Führungs-, Trainings- und Beratungspraxis sowie Arbeitsmaterialien angereichert und mit einem Schuss Humor serviert. So verfügt der Leser für die praktische Arbeit über einen abgerundeten Cocktail, der mit Bedacht und Willen zur Umsetzung konsumiert gut bekömmlich und wirksam sein wird.

In diesem Buch konzentrieren wir uns auf den **Zusammenhang** zwischen Motivation und Führen durch Zielvereinbarung.

Basiswissen zum Thema Führung ist im Band 2 („Grundlagen der Führung") und Band 3 („Führungsstile"), zum Thema Motivation in Band 4 („Motivation") dieser Reihe verfügbar.

Wir verwenden im Text grammatikalisch die männliche Form. Es sind selbstverständlich Leserinnen und Leser gemeint und angesprochen.

Worum geht es?

Motivation und Führen durch Zielvereinbarung:
Wie sind die Zusammenhänge? Wie kann das Wissen darum praktisch genutzt werden? Was ist Motivation? Ein Prozess, in dem die Menschen ihre von individuell geprägten Bedürfnissen und Werten produzierte Energie auf ein Ziel hinlenken. Sie tun dies, wenn sie Erfolg erwarten.

Was bestimmt demnach Erfolg?

Erfolg eines Menschen

=

Stärke seiner Leistungsmotivation

x

Anreizwirkung des Zieles

x

Erwartungen hinsichtlich der Erfolgswahrscheinlichkeit

Durch einen professionell gestalteten Zielvereinbarungsprozess, in dem alle drei Faktoren sichergestellt sind, fokussieren sich Kräfte und Motivation zielorientiert.

Wissenschaftlich formuliert: „Wenn (...) Ziele an die individuellen Fähigkeiten und Anspruchsniveaus angepasst werden, ist ein hohes motivationales Potential aktivierbar." (W. H. Staehle, S. 853)

und obendrein:

Wenn diese Ziele nicht von oben diktiert, sondern zwischen Mitarbeiter und Führungskraft

– gemeinsam erarbeitet und vereinbart werden
   und
– außerdem noch realistisch, aber anspruchsvoll sind

entsteht mehr Power!

Geben Sie die Erbsen denen, die sie bringen, oder denen, die sie zählen?

Abb. 1: „Mache das Verhalten von Menschen messbar und es wird sich ändern" (*Bill Hewlett*)

(*Quelle: unbekannt. Es war nicht möglich, den Rechte-Inhaber ausfindig zu machen. Berechtigte Ansprüche werden im Rahmen der üblichen Vereinbarungen abgegolten.*)

Dies funktioniert nicht nur auf individueller Ebene, sondern ebenso bei den Unternehmenszielen. Um so bedenklicher stimmt es, wenn in einer Studie festgestellt wird, dass nur 10% der untersuchten Unternehmen über Visionen und Ziele und nur 10% über eine mittel- und längerfristige Zielfokussierung verfügen (Studie von R. Berth).

In diesem Buch erhalten Sie die Methodik, um den Zielvereinbarungsprozess in Ihrem Unternehmen/Ihrem Bereich sowohl zu initiieren als auch zu realisieren und eine hohe Motivation zur Umsetzung zu erreichen.

13

2. Definition und Grundsätze – Worüber sprechen wir eigentlich?

2.1 Ziele

Ohne Ziele kein Spaß – ohne Spaß kein Ergebnis:

„Wenn Arbeit kein Vergnügen ist, dann wird es wirklich grauenhaft."
(*K. Lagerfeld*)

Ein Ziel ist

→ ein vorausgedachtes Ergebnis
→ der Punkt, der zu treffen beabsichtigt ist
→ ein in der Zukunft liegender, angestrebter Zustand mit eindeutiger Beschreibung.

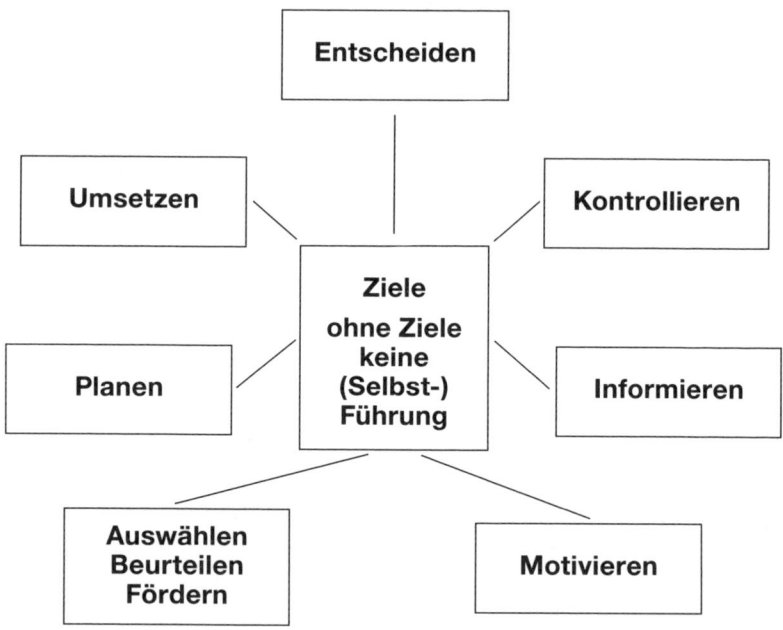

Abb. 2: Ziele im Mittelpunkt von (Selbst-)Management

14

Was Unternehmen/Mitarbeiter durch „Führen mit Zielen" gewinnen?

Unternehmen
- mehr Konzentration auf Prioritäten
- schnellere Verbesserung
- systematische Erfolgskontrolle
- bessere Möglichkeiten zur Performance-Steuerung
- bessere Koordination
- zufriedenere Mitarbeiter

Mitarbeiter
- strukturiertes, konzentriertes Arbeiten
- Klarheit der Erwartungen
- Transparenz von Ergebnissen
- Klarere Erfolgserlebnisse
- mehr Freiräume/Eigenverantwortung
- mehr Identifikation/Selbstmotivation
- Führung kann gefordert werden
- gezieltes Lernen

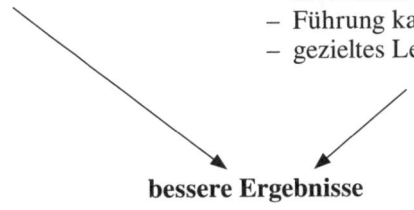

bessere Ergebnisse

Weiß jeder Mitarbeiter, was das Unternehmen von ihm erwartet?
Wofür er Rechenschaft abzulegen hat?

Und nicht zu vergessen – gute Ziele sind **smart** (siehe hierzu ab Kapitel 4.1):

- spezifisch
- messbar: mit eindeutigen quantitativen bzw. qualitativen Kriterien zur (Be-)Wertung der Zielerreichung. Denn: „Kannst du es nicht messen, so kannst du es vergessen!"
- aktivierend/herausfordernd und dennoch
- realistisch: Ziele motivieren am besten, wenn sie eine realistische Herausforderung darstellen; sind sie zu hoch oder zu niedrig angesetzt, verringert sich die Motivation (siehe Abb. 3)
- terminiert: bezogen auf einen Zeitraum und mit Anfangs- und Endtermin versehen.

Ziele, die diesen Kriterien genügen, mobilisieren Energie, lenken Aufmerksamkeit, erhöhen die Ausdauer – denn **smarte** Ziele ermöglichen eindeutige Prioritäten.
Der Prozess ist auf das Ziel auszurichten – „Process follows target".
Auf gut Deutsch: „Liegen Ziel und Zeit im Streit, denk nur an's Ziel, nicht an die Zeit!"

Und: Christian Morgenstern: „Wer vom Ziel nichts weiß, kann den Weg nicht haben, wird im selben Kreis all sein Leben traben. Kommt am Ende hin, wo er hergerückt, hat der Menge Sinn nur noch mehr zerstückt.

Abb. 3: „Wenn die Nummer fertig ist und der Elefant durch den Reifen springt, bekommen Sie doppelte Gage!"
(Quelle: unbekannt.)

Demotivation durch zu hoch gesteckte Ziele. Nehmen Sie von Zielen Abstand, wenn sie zuviel verlangen oder wenn Sie sich mit ihnen aufgrund Ihrer Werte nicht identifizieren können.

Manager brauchen Sinn für die Zielrealität: In der Marktwirtschaft sind die simpelsten Kontrollmechanismen wertlos, wenn Führungskräfte den

Sinn für das ökonomisch Machbare verlieren. Manager werden auch dafür bezahlt, dass sie sich von nichts und niemand blenden lassen. (16.6.2002, SZ).

Ziele sind also Maßstäbe, an denen jede Aktivität gemessen wird. Sie machen erst bewusst, wozu ein Mitarbeiter etwas tut, was es zu erreichen gilt und was sein Business ist.

Immer wieder die 5 Kernfragen stellen:

1. Wozu soll das erreicht werden?
2. Für wen soll es erreicht werden?
3. Woran erkennen wir das Ergebnis?
4. Wie messen wir das Ergebnis?
5. Was habe ich davon?

Was unterscheidet Ziele von Hoffnungen/Wünschen? Es ist der Energiebereich, der dadurch erschlossen wird.

„Ich habe den Wunsch, irgendwann einmal eine Yacht am Mittelmeer zu besitzen." Forget it! „Der massenhafte Vorstoß in die Ferne ist für viele wichtiger als das Erreichen des Ziels." (Kurt Kister)

„Ich werde zu Beginn der Segelsaison des Jahres x in St. Tropez am Liegeplatz 18 einen Zwei-Master liegen haben." – You have got it!

Also: Machen Sie aus Ihren Wünschen Ziele – und helfen Sie Ihren Mitarbeitern dabei, dies auch zu tun!

Wir unterscheiden zwischen Standardzielen, Innovationszielen und persönlichen Entwicklungszielen.

Standardziele sichern das Leben des Unternehmens heute, das „Brot und Butter"-Geschäft wird sichergestellt.
Wie erreichen wir es, den jährlichen Return on Investment von x% zu erwirtschaften?

Innovationsziele sichern das Überleben in der Zukunft, indem sie neue Maßstäbe/Standards setzen und das Mitspielen des Unternehmens in neuen und zukunftsträchtigen Geschäftsfeldern ermöglichen. Sie können von Fakten und Analysen (z. B. Market Research) abgeleitet sein und stellen eine Herausforderung dar. Änderungen in Aufbau- oder Ablauforganisation des Unternehmens werden eventuell notwendig. Motto: „Jedes Jahr ein wildes Projekt-Ziel!"

Wie schaffen wir es, auch in der Zukunft mit innovativen Produkten und Dienstleistungen am Markt wettbewerbsfähig zu sein und einen signifikanten Kundennutzen zu stiften? Welche neuen Märkte werden wir uns erschließen?

Verfüge ich über mitreißende Ziele in einem neu sich eröffnenden Horizont? Wie viel Zeit und Energie verwende ich auf Gedanken an die Zukunft, den Wettlauf um die Zukunft? Stelle ich mir etwas vor, was es noch nicht gibt? Bin ich vom Gedanken an die Zukunft besessen?

Persönliche Entwicklungsziele befähigen den Einzelnen, seine Standard- und Innovationsziele zu erreichen. Sie beziehen sich auf Fertigkeiten/Können, Wissen/Kenntnisse, Einstellungen/Werthaltungen und auf die Fähigkeit, komplexe Probleme zu lösen.
Wie mache ich mich fit, um Standard- und Innovationsziele zu erreichen?
Wie werde ich wertvoller für das Unternehmen bzw. für den künftigen Arbeitsmarkt? Welche Veränderungen will ich realisieren?
Welche Kräfte kann ich in mir und meiner Umgebung dafür mobilisieren? Mit wem? Wann? Wo?

Persönliche Entwicklungsziele helfen, die Perspektive nicht zu verlieren, indem ich einfach weiter mache wie bisher.

Konfuzius dazu: „Mache dir keine Sorgen darüber, dass dich niemand kennt, sondern trage Sorge, dich so zu verhalten, dass man dich kennen wird."

Wie können diese Ziele auf den verschiedenen Ebenen (Gesamtorganisation, Bereich, einzelne Person) vertikal (d. h. von oben nach unten und umgekehrt), aber auch horizontal (d. h. zwischen den nebeneinander existierenden Einheiten wie z. B. Marketing, Vertrieb, Produktion, Forschung...) in Einklang gebracht werden? Wie werden sie priorisiert und gestaltet? Antworten zu diesen Fragen finden Sie im Kapitel 3.5.
Denn: Ziele sind durch den motivierenden Manager zu vernetzen, zu integrieren.

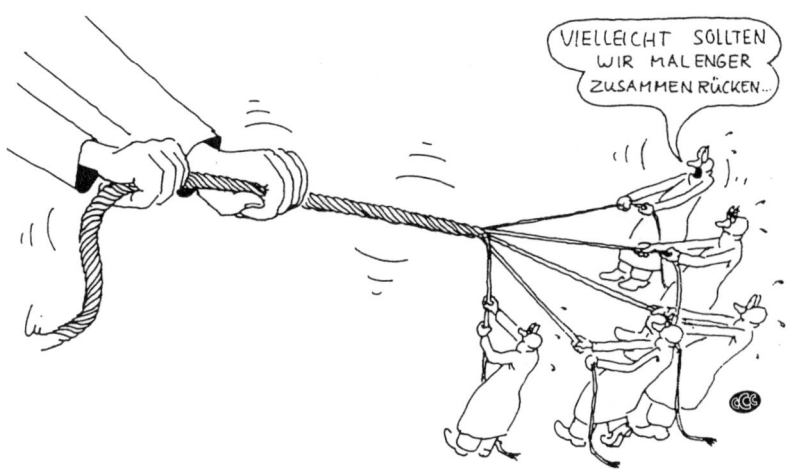

Abb. 4: „Team without Steam"
(Quelle: Erik Liebermann/CCC, www.c5.net)

Zu den Folgen nicht-integrierter Ziele:

Wenn zur Genossenschaft sich Eintracht nicht gesellt, ist's mit dem Werke schlecht bestellt: Es gibt nur Quälerei und man bringt nichts zurecht.

„Einst wollten Schwan und Krebs und Hecht fortschieben einen Karr'n mit seiner Last.
Und spannten sich zu drein davor in Hast.
Sie tun ihr Äußerstes – er rückt nicht von der Stelle.
Die Last an sich wär' ihnen leicht genug, allein der Schwan nimmt aufwärts seinen Flug, der Krebs keucht rückwärts und der Hecht strebt in die Welle.
Wer schuld nun ist, wer nicht, darüber hier kein Wort, der Karren aber steht noch dort."
(Der Schwan, der Hecht und der Krebs: Krylow)

Positives Beispiel für integrierte Ziele mit ihrer integrierenden Funktion:

„Von Studenten gebauter Satellit startet erfolgreich in den Orbit. 250 Studenten von 23 europäischen Universitäten haben in 1½ Jahren gemeinsam die Idee einer Satellitenmission entwickelt. Die Studenten mussten sich selbst organisieren, sie mussten Räume beschaffen, Sponsoren suchen und das Projekt durchziehen. Die Abstimmung mit den anderen Gruppen lief über das Internet. Treffen gab es nur 2x im Jahr. Kein Professor gab die Richtung vor. Es war ein Genuss, zu sehen, wie die Studenten sich eingebracht haben ... und darin liegt auch der große Wert dieses Programms." (SZ, 28.10.2005)

2.2 Ziele und Führung

„Führung heißt: Spannung erzeugen und auf Ziele gerichtete Energie zum Fließen bringen." und
„Führung ist die natürliche und ungezwungene Art, Menschen für Ziele zu inspirieren." (nach P. *Drucker*) und
„Führung in Organisationen ist die zielorientierte soziale Einflussnahme zur Erfüllung gemeinsamer Aufgaben in und mit einer strukturierten Arbeitssituation. Sie vollzieht sich zwischen hierarchisch unterschiedlich gestellten Personen" (nach R. *Wunderer*).
„Führungsaktivitäten sind ... alle Aktivitäten, die der Koordination von Zielen und Mitteln in Gruppen und Organisationsformen dienen." (nach W. *Scholl*) und „Führung ist die Fähigkeit, menschliche Ressourcen zur Umsetzung bestimmter Ziele zu mobilisieren." (nach J. *Welsh*) und „Einen Mitarbeiter bzw. eine Gruppe unter Berücksichtigung der jeweiligen Situation auf gemeinsame Werte und **Ziele** der Organisation hin beeinflussen."

Diese Aussagen aus Managementtheorie und -praxis machen deutlich, dass Führung und Zielerreichung in einem direkten, unmittelbaren Zusammenhang stehen.

It's „making the vision work"! (Motto des Internationalen Projektmanagement-Kongresses in Berlin 2002).

Dazu ein Bericht aus der Zeitung:
„Man muss sein Ziel definieren und dann darf man sich nicht davon abbringen lassen. Bei Boeing hatten die Leiter der einzelnen zivilen Flugzeugprogramme überhaupt nicht durchgeblickt, wie die Finanzergebnisse ihrer jeweiligen Produkte waren. Sie waren auch nicht dafür zur Rechenschaft gezogen worden. Der interne Abrechnungsprozess war so kompliziert, dass ihn keiner mehr verstanden hat. Wir haben uns zunächst über unsere Ziele und eine gemeinsame Messmethode geeinigt. Wir hatten vorher keine Ziele. Wir wussten zwar z. B. unsere aktuellen Durchlaufzeiten und wie sie vorher waren, aber keiner hatte ein Ziel vor Augen. Daher konnte auch nicht klar sein, welche Anstrengungen unter-

nommen werden mussten, um die Abläufe zu beschleunigen. Jetzt gibt es klar umrissene Ziele. Jedes Mal, wenn wir in Zukunft ein Programm starten, werden wir den Wert über die gesamte Einsatzdauer betrachten. Wir schauen ja nicht nur auf Gewinne, sondern auf die gesamte Einsatzdauer/die langfristigen Perspektiven." (Boeing Finanzchefin *Hopkins*, in: Süddeutsche Zeitung, 26. 7. 1999)

All das gilt auch für Selbst-Führung!

Ein Beispiel – zu Beginn eines sechstägigen Management-Trainings wird die folgende Frage gestellt:

„Welche Ziele wollen Sie am Seminar-Ende und als Projekt-Ziele nach Transfer in Ihr Unternehmen erreicht haben?"

Teilnehmerantworten: „Ich lasse mich überraschen – ich komme ohne gezielte Erwartungen." Oder: „Darüber habe ich mir noch keine Gedanken gemacht." Nun ja: Jeder bekommt, was er will, und mancher das, was er verdient!

Was bedeutet Führen durch Zielvereinbarung?

Zum Ziel kommt nur, wer eins hat!

„Führen ist
– Ziele zu sehen, die nicht allen klar sind,
– die Bereitschaft, sich für diese Ziele einzusetzen, bevor sie allen klar sind, und
– die Fähigkeit, Mitarbeiter so zu motivieren, dass sie sich für die Ziele einsetzen, ohne dass man ihnen laufend Befehle geben muss." (nach *H. Kissinger*)

„Führen durch Zielvereinbarung" (= Management by Objectives – MbO) ist die Methode der zielorientierten Unternehmensführung. Diese wurde bereits in den 50er und 60er Jahren durch *P. F. Drucker, J. W. Humble* und *G. S. Odiorne* international bekannt und als erfolgreiches Führungskonzept etabliert.

MbO bedeutet nicht „Druck durch Zielvorgabe" oder „Lollipulation durch Möhrchenvorhalten", sondern Freisetzen von Energie durch gemeinsames Erarbeiten von zu erreichenden Zielen.

Also:
„MbO ... ist ein motivationstheoretisch fundiertes Führungskonzept, in dem operationale und abgestimmte Ziele generiert und umgesetzt werden." (nach *W. H. Staehle*, S. 852)

Führen durch Zielvereinbarung ist ein unternehmensweiter Prozess, in dem Ziele zwischen Führungskraft und Mitarbeiter definiert, erreicht und reifegradspezifisch kontrolliert werden. (Zum Begriff „Reifegrad" s. Kap. 4.5). MbO kann auch unternehmensübergreifend, beispielsweise in Projekten, stattfinden.

Ziele vereinbaren bedeutet:

→ die bisherige Entwicklung kritisch prüfen,
→ die Zukunft gestalten:
  – die eigenen Möglichkeiten und Grenzen einkalkulieren (Fähigkeiten),
  – die äußeren Möglichkeiten und Grenzen ausloten (Ressourcen, Technik, Beschaffungs- und Absatzmarkt),
→ Ziele (an-)erkennen und werten,
→ Leistung und Erfolg anhand der Ziele bewerten.

Abb. 5: Wie wirkt Zielvorgabe im Unterschied zu Zielvereinbarung?

Erfolg drückt sich nicht mehr in der *Menge* der verbrauchten Zeit oder der geleisteten Arbeit („Eimer-voll-Schweiss-Syndrom") aus, sondern in den erreichten Zielen. Stechuhren und sonstige Zeiterfassungssysteme werden überflüssig! Mitarbeiter werden vom Stechuhren-Bediener zum Mit-Denker. Denn: Zeit ist nicht die entscheidende Bemessungsgröße für den Mitarbeiter-Nutzen, sondern seine Leistung.

22

Abb. 6: „Vereinbarte messbare Ziele entwickeln den Mitarbeiter vom Stechuhren-Bediener zum Mit-Denker/Mit-Unternehmer."

(*Quelle: Tex Rubinowitz/CCC, www.c5.net*)

Ein türkischer Handwerker zu seinem Meister, der ihn auffordert, schneller zu arbeiten: „Warum? In Deutschland Stunde zahlt Geld."

Ganz extrem wurde dieses Prinzip der Zielorientierung bis vor kurzem im marokkanischen Königshaus gelebt – dort wurden bisher nur Geburten von Thronfolgern, nicht aber Hochzeiten gefeiert. ☺ Zum Ziel kommt nur, wer eins hat.

Wie drückt sich meine Einstellung zum Ziel körperlich aus? (zum Beispiel in dem ich mich aufrichte?).

Jack Niklas: „Ich spiele den Ball immer erst, wenn ich den Ball vor meinem geistigen Auge im Loch sehe."

„Paint a picture of the outcome. Begin with the end in mind!"

Zusammengefasst hier die fünf Merkmale von Führen durch Zielvereinbarung:

(1) Regelung durch Ziele
(2) Kooperative Zielbildung
(3) Zielorientierung des Kontrollsystems
(4) Leistungsbeurteilung aufgrund des Grades der Zielerreichung
(5) Einbeziehen von Fortbildungs-/Entwicklungszielen

„Je klarer die Ziele, desto leichter die Entscheidung und um so länger die Leine."

Der Fußballer *Riedle* anerkennend über Manchester United: „Die wissen, wo das Tor steht!"

Darauf kommt's an – so bitte nicht:

Führen mit Zielen – Misserfolgsfaktoren:

– Es werden nicht Ziele vereinbart, sondern Tätigkeiten
– Es findet kein Dialog statt
– Es gibt nur quantitative Ziele
– Zielvereinbarung erfolgt ausschließlich bottom-up (konsolidierter Input der Basis – kein unternehmerischer Führungswille)
– Keine klaren Unternehmensziele als Ausgangspunkt – jeder Bereich plant seine Ziele für sich
– Die vereinbarten Ziele werden horizontal nicht abgeglichen
– Die Zielerreichung wird nicht kontrolliert
– Die Zielvereinbarung ist nicht vernetzt mit dem Mitarbeiter-Gespräch (weder Belohnung noch negative Sanktion)
– Es ist nicht festgelegt, wer im Zweifelsfall bestimmt

2.3 Ziele und Motivation

Durch einen professionell gestalteten Zielvereinbarungs- und -realisierungsprozess entsteht ein hohes Maß an Umsetzungsstärke, Begeisterung und Klarheit.

All das ist Motivation – ein Prozess, in dem Menschen ihre Energie auf ein Ziel hinlenken.

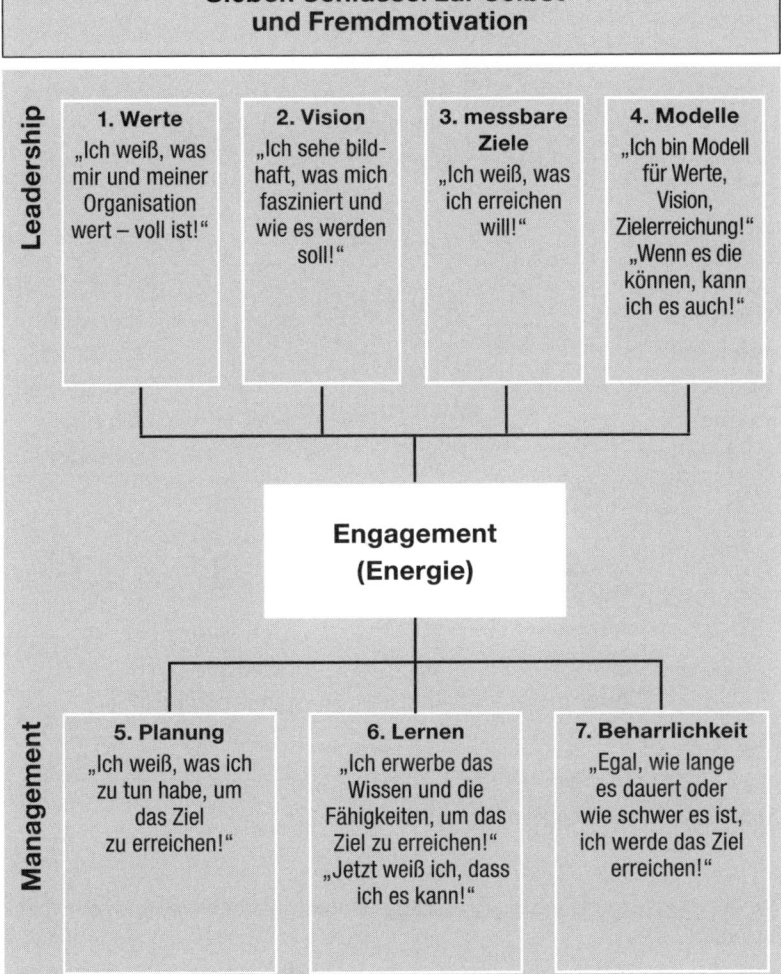

Abb. 7: Die sieben Schlüssel zur Selbst- und Fremdmotivation

Auf individueller Ebene wird durch die **Vereinbarung** der Ziele ein positiver, durch Motivation geprägter Kreislauf initiiert:

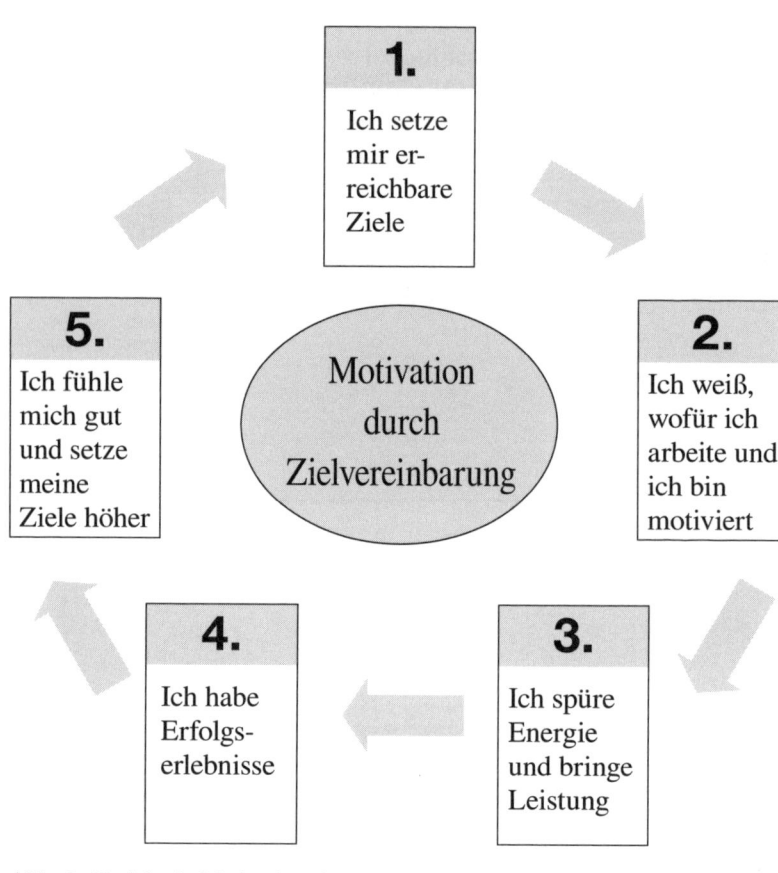

Abb. 8: Kreislauf „Motivation durch Zielvereinbarung"

Nichts ist erfolgreicher als der Erfolg. Daher: „Achievement over expectations!"

Allerdings: Alles gegen das Prinzip der kalkulierten Mindestleistung!

Wie werden Sie und Ihre Mitarbeiter durch Ziele motiviert?

Wenn alle ihre Ziele nicht nur *kennen*, sondern auch erreichen *können*, erreichen *dürfen* und vor allem erreichen *wollen*.

Man soll von Schmetterlingen nicht verlangen, Lastwagen zu ziehen.

Zur Unterstützung eine **Checkliste:** Denke und handle ich/denken und handeln wir zielorientiert?

	Ja	Nein	Offen formulierte Antwort
(1) Erarbeiten wir im Team Bereichs- bzw. Abteilungsziele?			
(2) Wissen neue Mitarbeiter, welche Ziele sie erreichen sollen?			
(3) Motiviere ich meine Mitarbeiter, indem ich sie beim Erreichen ihrer persönlichen Entwicklungsziele fördere?			
(4) Habe ich/hat jeder meiner Mitarbeiter mindestens ein Innovationsziel?			
(5) Kenne ich die Ziele meiner Mitarbeiter?			
(6) Kontrolliere ich reifegradspezifisch Ergebnisse statt Abläufe?			
(7) Beginne ich Besprechungen mit der Vereinbarung von Besprechungs- und Projektzielen?			
(8) Frage ich mich, bevor ich mit einer Arbeit beginne, wozu ich sie tue?			
(9) Setze ich Prioritäten, indem ich sie nach dem Grad der Wichtigkeit für die Zielerreichung gewichte? (wichtig vor dringlich, dringlich vor perfektionistisch!)			
(10) Wie lautet unsere Vision?			

(nach *I. Messmer*)

Das von einem Individuum angestrebte Zielausmaß, das von ihm als verbindlicher Anspruch an das eigene Handeln erlebt wird, bezeichnet man als Anspruchsniveau (*W. H. Staehle*, S. 245). Dieses kann sich im Laufe des Lebens verändern.

Welche (Lebens)Ziele sind konträr zueinander? Die meisten Menschen kennen ihre Ziele und Motive kaum. Sie setzen sich Ziele, die mit ihren natürlichen Bedürfnissen nichts zu tun haben und rennen in eine Richtung, für die der natürliche Antrieb fehlt. Irgendwann sind sie ausgepowert und wissen nicht warum. Was ist mein/unser frohes Ziel?

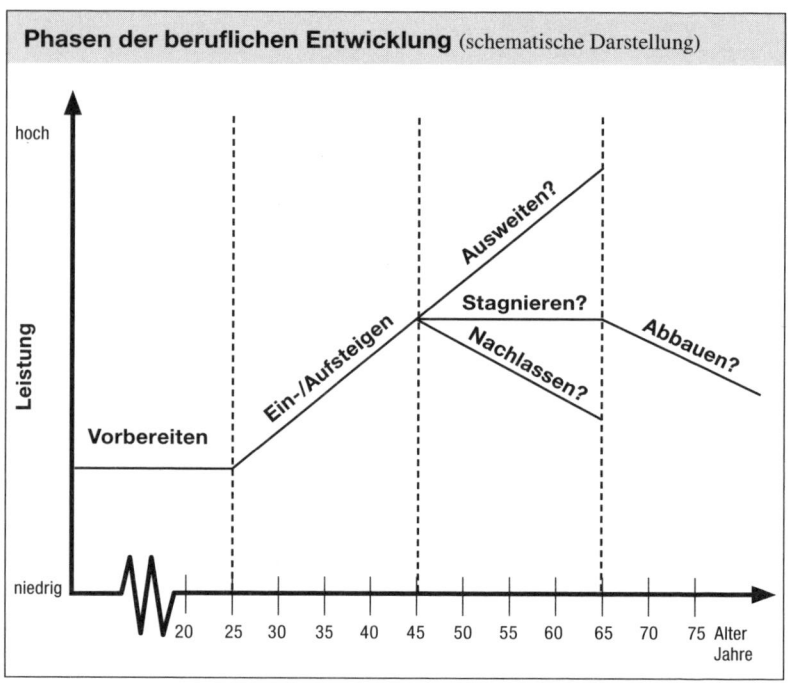

Abb. 9: Lebensphasen – Wohin entwickle ich mich?

Das Anspruchsniveau wird durch einen gelungenen Zielbildungsprozess und die dementsprechende Zielklarheit und -akzeptanz erhöht. Die Ziele sind klar und deutlich formuliert und der dahinter liegende Zweck, die zugrunde liegende Idee, das Oberziel sind transparent. Die Führungskraft gibt reifegradspezifisch Feedback über die Fortschritte bei der Zielerreichung (Ablaufkontrolle) bzw. lässt sich über das End-Ergebnis informieren (Ergebniskontrolle).

Die Klammer zwischen individueller, persönlicher Motivaton und dem Management ist das „Organisationsklima" (*W. H. Staehle*, S. 492).

Wissenschaftler wollten herausfinden, inwieweit der Führungsstil die Motivationsstruktur von Mitarbeitern beeinflusst (Experiment von *G. H. Litwin & R. A. Stringer, W. H. Staehle*, S. 493).

Sie schufen eine Laborsituation unter der Vermutung, dass
- unterschiedliche Organisationsklimata unterschiedliche Motivationen stimulieren, die wiederum zu verschiedenartigem Verhalten mit unterschiedlichen Ergebnissen (Leistung, Engagement etc.) führen
- der Führungsstil der entscheidende Einflussfaktor ist (stärker als andere organisatorische Einflussfaktoren).

In dieser Laborsituation existierten drei Unternehmungen mit jeweils 15 Mitarbeitern und einem Chef.

Es wurden – bei sonst gleichen Bedingungen – unterschiedliche Führungsstile praktiziert.

Organisation	Führungsstil	Organisationsklima
A	Straff-autoritär	Machtorientiert
B	Locker-informell	Interaktionsorientiert
C	Partizipativ-delegierend	Leistungsorientiert

Fazit:
Das Experiment ergab, dass die Motivationsstruktur von Mitarbeitern sehr wohl durch die Situation, in der sie arbeiten – hier vor allem durch den Führungsstil – beeinflusst wird.

Führen durch Zielvereinbarung besteht aus partizipativ-delegierenden Elementen und ist daher förderlich für ein leistungsorientiertes Organisationsklima.

Durch die **Vereinbarung** der Ziele werden Leistungsorientierung und ein entspannter Umgangston gefördert.

Zusammenfassend ist Führen durch Zielvereinbarung durch fünf Grundsätze gekennzeichnet:

Abb. 10: Fünf Grundsätze des Führens durch Zielvereinbarung

1) Zieldefinition
Führung erfordert die Definition von Zielen

Abb. 11: Zufriedenheit bei klarem Ziel

2) Zielpartizipation

Die Mitarbeiter beteiligen sich an der Zielbestimmung – es handelt sich um ein „Gegenstromverfahren" auf Basis wertfreier Informationen und nicht um das „Herunterbrechen von Zielen" von oben nach unten (top-down) in der Hierarchie.

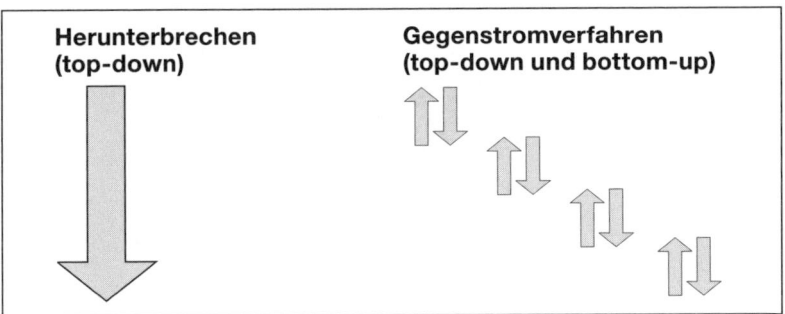

Abb. 12: Unterschied von Herunterbrechen von Zielen und Gegenstromverfahren

3) Zielidentifikation

Beteiligung an der Zielbestimmung bewirkt Zielbejahung. Wer vorher mitreden darf, ist nachher positiv eingestellt. Wenn nicht, sind die Betroffenen die Beleidigten. Diese sagen sich dann „not invented from me" und handeln entsprechend. Im schlimmsten Fall ziehen sie sich auf die Position „Dienst nach Vorschrift" zurück.

4) Zielmotivation

Zielbejahung bewirkt Engagement und Leistungsmobilisierung. Der Mitarbeiter wird zum sich selbst ins Ziel regulierenden System.

5) Zielbewertung

Der Erfolg wird gemessen durch den Vergleich zwischen dem erreichten und dem vereinbarten Ziel.

Somit bedeutet Ziele vereinbaren in dem hier dargestellten Sinne,
– die Ziele zu erkennen, anzuerkennen und auch zu werten – Leistung und Erfolg sind an messbaren Zielen zu bewerten
– Möglichkeiten der Zukunftsgestaltung durch Innovations- und persönliche Entwicklungsziele zu analysieren
– die bisherigen Entwicklungen kritisch zu prüfen und
– insgesamt ein Instrument zur Selbstregulierung und Integration des Unternehmens zu schaffen.

3. Herleitung und Integration von Zielen

Abb. 13: „Der Mensch ist ein zielstrebiges Wesen: Meist strebt er zuviel und zielt zu wenig."
(Quelle: Thomas Plaßmann/CCC, www.c5.net)

Der erste Schritt ist oft der schwierigste – die richtigen Ziele zu identifizieren und zu fokussieren. Hier ist es erfolgsentscheidend, dass die Führungsspitze des Unternehmens einen an aktuellen internen betriebswirtschaftlichen Daten, Marktdaten, Kundenbedürfnissen, Erfahrungswerten etc. orientierten professionellen Zielfindungsprozess veranlasst.

Das einigende Element (neben einer gemeinsamen Wertebasis) ist die gemeinsame Vision für das Unternehmen.

Daher gehen wir zunächst auf die Bedeutung und Entstehung von Visionen ein, bevor Instrumente zur Strategieumsetzung, Verknüpfung bzw. Priorisierung von Zielen im Unternehmen dargestellt werden.

3.1 Das Dach für die Ziele – Die Bedeutung von Visionen

„Es ist gut, den Blick auf die Sterne zu richten – man muss aber auch achtgeben auf die Gassen."

Was sind Visionen?

„Eine Vision ist für den Hilflosen das Unerreichbare, für den Furchtsamen das Unbekannte und für den Tapferen die Chance!"

Visionen geben Antwort auf die Frage „Was macht Sinn?" und sind somit „die Kräfte, die die Zukunft erfinden" (J. M. Kouzes & Partner in: *O. Neuberger*, S. 203).

Eine faszinierende Vision ist eine von den fünf Voraussetzungen für erfolgreichen Wandel.

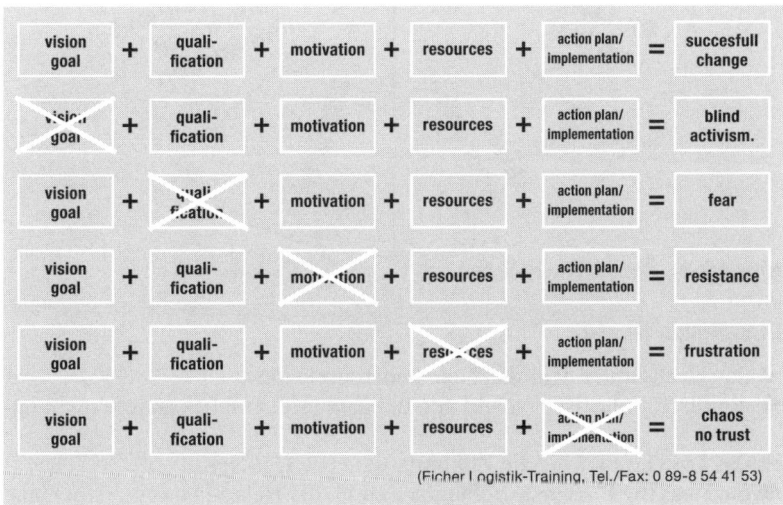

Abb. 14: Voraussetzungen für erfolgreichen Wandel

Dies veranschaulicht die bekannte Parabel von den drei mittelalterlichen Steinmetzen, die gefragt werden, was sie tun. Der eine antwortet: „Ich behaue Steine" der andere: „Ich gestalte einen Eckstein", der dritte: „Ich baue eine Kathedrale!"

Ein Beispiel aus der modernen Zeit stammt von einer Mitarbeiterin in einem Leiterplattenwerk, welches Bauteile von medizinischen Geräten herstellt. Sie antwortete auf die Frage eines Besuchers, was sie denn den ganzen Tag tue: „Ich helfe Leben retten!"
Und wozu besteht mein Arbeitsplatz?

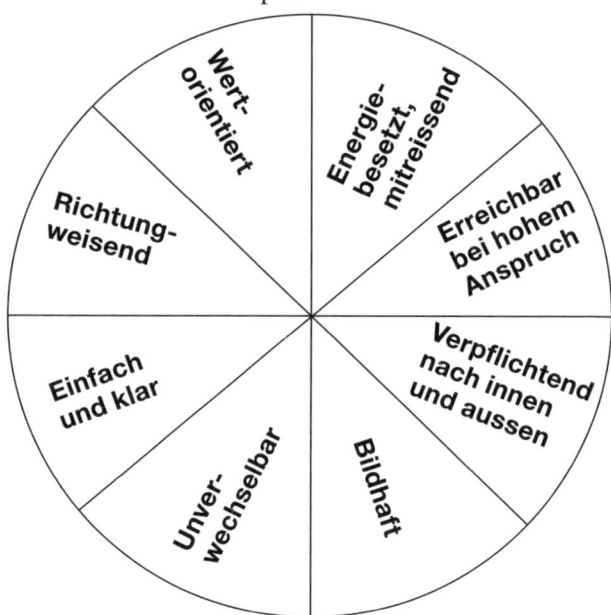

Abb. 15: Merkmale einer Vision

Eine Vision ist also:

➜ das Dach, unter dem die Ziele beherbergt sind,
➜ ein klares, plastisches Bild von der Zukunft (welches andere nicht haben),
➜ das Leuchtfeuer für die Zukunftsroute (*G. Höhler*),
➜ das, was die Phantasie gefangen nimmt, die Herzen bewegt, dem Geist Klarheit schenkt, den Händen Kraft gibt und zu einheitlichem Handeln führt.

34

Oder wissenschaftlich ausgedrückt:

Visionen sind Fernziele (aber nicht: Utopien oder Illusionen), die bildhaft ausgedrückt sind, einen starken emotionalen Aufforderungscharakter haben und wichtige Werte oder Anliegen ausdrücken (*O. Neuberger*, S. 206).

Zwei gelungene Beispiele aus der Praxis:

* *Hugo Boss*: „Wear it, feel it – be it!"

* *Detlef Rohwedder* für die Treuhandanstalt: „Treuhand heißt Dienstleistung für das ganze deutsche Volk."

> *Ein Visionär ist kein Utopist –*
> *denn der hält das Unmögliche für möglich.*

Wozu dienen Visionen?

„Ohne Vision kein Glück – wecke durch eine Vision die Glut unter der Asche!"

Abb. 16: „Ich habe mein Imperium mit eigener Kraft aus dem Nichts erschaffen, Wachtmeister!" *(Quelle: unbekannt)*

Es wird deutlich, dass Visionen wie ein Magnet wirken können – eine gemeinsame Ausrichtung entsteht, Energie zur Erreichung der gemeinsamen Vision (= Sichtweise) wird freigesetzt.

Sinnvolle und stringente Ziele und Aufgaben für Unternehmen, Bereiche bzw. einzelne Personen zu definieren und zu vereinbaren, fällt mit einer Vision im Blick wesentlich leichter und macht – im wahrsten Sinne des Wortes „mehr Sinn". So wird eine Vision insbesondere entwickelt, wenn der Veränderungsdruck eine Neuausrichtung und -orientierung des Unternehmens notwendig macht.

Die Führungskräfte der Treuhand definierten entsprechend ihrer Vision (s. o.) drei Hauptziele:

– rasche Privatisierung
– entschlossene Sanierung
– behutsame Stilllegung.

Abb. 17: Unternehmensvision – das Dach, unter dem die Ziele beherbergt sind

N. Tichy & M. A. Devanna (siehe *O. Neuberger*, S. 204) haben zwölf Geschäftsführer interviewt und folgende Charakteristika von zukunftsweisenden, innovativen Führungsprozessen herausgearbeitet:

(1) Veränderungsbedarf erkennen und erzeugen, daraus
(2) eine neue Vision entwickeln,
(3) den Wandel in den Alltag integrieren und die Prozesse und Strukturen neu gestalten.

Wie können Führungskräfte Visionen nutzen?

Werte	Was macht unser Unternehmen für mich persönlich und für andere „wert"-voll?	
Vision	**Was macht Sinn?**	
	Welcher übergreifende Sinn steht über meinen Zielen?	**Strategie:**
Ziele	Wozu?	**Wie gehen wir vor?**
	Messbares Ergebnis meines/unseres Handelns auf dem Weg zum Erreichen der Vision.	
Aufgaben	Was ist zu tun?	
	Welche konkreten Schritte sind zur Erreichung meiner/unserer Ziele zu gehen?	

Abb. 18: Was fragt sich die Führungskraft, wenn sie eine Vision entwickeln (lassen) möchte?

U. Hemel, Chef von Hartmann:
Die entscheidende Frage ist: Wo bekommt der Mitarbeiter leuchtende Augen? Dann muss man herausfinden, wie sich dieses Leuchten mit dem Unternehmenszweck in Verbindung bringen lässt – oder auch nicht.

Visionen erzielen folgende Effekte:

– Stärkere Selbstmotivation
– Ausstrahlung auf andere
– Entwickeln von Zusammengehörigkeit
– Prioritäten werden eindeutig und klar
– Hindernisse werden realistisch beurteilt
– Veränderung der Wahrnehmung
– Höhere Kreativität
– Sich selbst erfüllende Prophezeiung
– Wirtschaftlicher Erfolg
(nach *M. zur Bonsen*)

So ändert eine überzeugende Vision die Grundlage des Wettbewerbs in einer Branche.

In einer Zeit, in der viele Produkte und Dienstleistungen immer ähnlicher und somit austauschbarer werden, stellt dies einen Wettbewerbsvorteil dar.

Zum wirtschaftlichen Erfolg/Wettbewerbsvorteil:

J. Barker berichtet von einer amerikanischen Langzeitstudie, in der ausgerechnet wurde, was ein US-Dollar, der 1926 investiert wurde, heute wert ist.

Wert im Unternehmen ohne Vision: 957 $
Wert im Unternehmen mit Vision: >   6000 $

(Es wurden Unternehmen aus einer Branche mit gleichen Entwicklungschancen verglichen.)

Diese Wirkungen treten nicht ein, wenn – wie im folgenden Beispiel – beim Entwickeln der Unternehmensvision das Motto vorherrschte: Auf die Gemeinplätze – fertig – los!
„Wir sind eine erfolgreiche Organisation, die bei unseren Kunden, in der Öffentlichkeit und innerhalb des Unternehmens hoch geschätzt wird und für die zu arbeiten lohnend ist und Spaß macht."

Dagegen ein bekanntes positives Beispiel: BMW's Vision „Freude am Fahren". Wie wirkt sie im Unternehmen?

> – Entwicklung des Z1
> Auf die Frage „Wozu ist dieses Auto gut?" kommt die Antwort „von Kuenheim hat es entschieden!" – er meinte, sein Sohn würde mit diesem Auto auch gerne fahren!
> (Anmerkung: Ziel war, eine kleine limitierte Auflage von 2.000 Stück zu produzieren – es wurden aufgrund der hohen Nachfrage 8.000 Stück hergestellt.)
>
> – Eine Putzfrau schrubbt den Boden in der Fertigungshalle sehr intensiv und sorgfältig. „Wie sollen die Anderen hier denn Spass haben, BMWs zu bauen, wenn's hier so dreckig ist?"
>
> – Ein Vorstandsmitglied kauft seiner Frau einen 3er. Ein Obermeister, der in der Nähe wohnt, kommt vorbei, geht um das Fahrzeug herum und fragt danach stolz: „Haben wir Ihnen da nicht ein schönes Auto hingestellt?"
>
> – In der Zeit, als die Entwicklung des Dieselmotors für BMW noch zur Debatte stand, fand ein Workshop mit Entwicklern aus München (Otto-Motoren-Fachleute) und Steyr (Diesel-Fachleute) statt.
> Münchner: „Und ihr werdet euren Traktormotor nicht in unsere BMWs einbauen!"
> Steyrer: „Und wir werden einen Turbo-Dieselmotor entwickeln, der Freude macht beim Fahren!"

(Quelle: Berichte von BMW-Mitarbeitern)

Weitere positive Beispiele für Unternehmensvisionen:

Vision eines Recycling-Unternehmens:
„Wir lassen dich (die Erdkugel) nicht fallen!"
(Auf dem Müllfahrzeug ein Bild, auf dem zwei Hände die Erdkugel tragen)

Ferry Porsche:
„Der Feind des Nützlichen ist der Luxus – mehr Spaß als Ökonomie."

McDonalds:
„Was immer die Amerikaner essen wollen: Wir werden es als Erster anbieten."

Wolford:
„Ihr sinnlich, anschmiegsamer Begleiter."

United Parcel Service:
„... wie wenn Sie es selbst hinbringen."

Eine Studie des MITI (1991) ergab: „Eine Nation ohne Vision wird vernichtet werden." Und das wusste auch schon König Salomon vor 3000 Jahren: „Ein Volk ohne Vision geht zugrunde."

Warum das so ist?

– Nun – eine Anstrengung ohne Vision ist schnell vergeudete Energie und
– eine Vision ohne Einsatz bleibt ein Hirngespinst (siehe auch Abbildung 14, S. 33, „Voraussetzungen für erfolgreichen Wandel")

Ein *Slogan* hingegen erfüllt diese Merkmale und Funktionen nicht, obwohl er sprachlich gekonnt und witzig formuliert ist:

„Mehr als geschickt." (Slogan eines Paketzustellers)

Wie wird eine Vision im Unternehmen entwickelt?

„Halte Ausschau nach dem Leuchtfeuer auf den Bergen – dann wirst du nicht irre gehen." (*I Ging*)

Möglichkeiten zur Vorgehensweise sind:

– Beantworten Sie zuerst individuell und dann gemeinsam Fragen wie
  • Welche Idee hat zur Gründung des Unternehmens geführt?
  • Was ist die tollste Geschichte über das Unternehmen?
  • Was war bisher unser Erfolgskonzept?

- Die Zukunft des Unternehmens sehe ich in...
- Wie sieht ein Zeitungsartikel über unser Unternehmen in 5 Jahren aus?
- Wie sieht eine Firma aus, bei der alles ganz anders und viel besser ist als bei uns?

und

- Nutzen Sie – um vielfältige Ideen zu erhalten – die Methode der Kartenabfrage (Brain Writing)
- Lassen Sie Ihre Mitarbeiter die Rolle von Kunden oder Geschäftspartnern übernehmen, die über die guten und verbesserungswürdigen Seiten der Firma sprechen!
- Lassen Sie ein gemeinsames Bild malen („Wenn unser Unternehmen ein Schiff wäre, wie würde es aussehen?"; „Unser Unternehmen als Zirkus: Welche Kunststücke werden gezeigt?") (*O. Neuberger*, S. 204).

Die Vision ist sprachlich so zu verdichten und auf den Punkt zu bringen, dass sie für alle verständlich und faszinierend ist.

Merkmale einer Vision

- ▲ einfach und klar
- ▲ unverwechselbar
- ▲ Richtung - weisend
- ▲ wert - orientiert
- ▲ Energie – besetzt, mitreißend
- ▲ erreichbar bei hohem Anspruch
- ▲ verpflichtend nach innen und nach außen
- ▲ bildhaft

Visionen aus der Politik sind z.B.

„Wir werden die Wüste zwischen unseren Ländern zum Blühen bringen." (*Itzhak Rabin* zu *König Hussein von Jordanien*)

und *Nelson Mandela*: „Südafrika wird die Lok sein, die die verrosteten Waggons Afrikas in die Zukunft ziehen wird."

Und was ist – nach der Wiedervereinigung – die deutsche Vision?

3.2 Das Instrument für strategieorientierte Unternehmensführung: Die Balanced Scorecard

(nach *R. S. Kaplan & D. P. Norton*)

„Es gibt Manager, bei denen heißt Zielplanung:
Erst schießen und dann die Ringe um die Einschläge ziehen."

3.2.1 Was ist die Balanced Scorecard?

Bei der Balanced Scorecard (= BSC) handelt es sich um ein Managementsystem zur Strategieumsetzung und ein ausbalanciertes Kennzahlensystem. Es beansprucht, den gesamten Planungs-, Steuerungs- und Kontrollprozess der Organisation strategie- und zielorientiert zu gestalten.

Die BSC setzt die Messfühler neben dem *finanzwirtschaftlichen* **Output** auch bei den **Ursachen** für den Erfolg an – bei den **Kunden**, der **Entwicklung** von Individuen und Organisation und den internen **Prozessen**.

Die BSC
– vernetzt so die treibenden Faktoren zukünftiger Leistungen,
– führt zu Konsens über die Ziele,
– macht diese für die Führungskräfte und Mitarbeiter des Unternehmens transparent
– und ist eine Methode für Feed-**Forward** (zukunftsorientiert).

„Zur Steuerung einer Organisation ist es erforderlich, dass aus der Strategie klar formulierte, messbare und kontrollierbare Steuerungsgrößen abgeleitet werden und diese – in den erfolgsbestimmenden Perspektiven „ausbalanciert" – dem Management, aber auch den Mitarbeitern die Richtung weisen." (*R. S. Kaplan & D. P. Norton*, S. V)

Aus diesem Grund entwickelten in den 90er Jahren amerikanische Praktiker, Berater und Wissenschaftler ein System, welches vier verschiedene Perspektiven integriert.

Ihre Überzeugung: Die Ausgewogenheit zwischen kurzfristigen und langfristigen Zielen, monetären und nichtmonetären Kennzahlen, zwischen Früh- und Spätindikatoren sowie zwischen externen und internen Performance-Perspektiven ist zur professionellen Unternehmenssteuerung notwendig. Demzufolge beinhaltet die BSC vier verschiedene Perspektiven:

- die finanzwirtschaftliche,
- die Kunden-/Marktperspektive,
- die interne Prozessperspektive (Ablauf- und Aufbau-Organisation),
- die Entwicklungsperspektive.

Jede einseitige Fokussierung, z. B. auf die finanzielle Perspektive (shareholder value) bei manchen Aktiengesellschaften, gefährdet das Unternehmen. Oder – wie die jüngste Vergangenheit gezeigt hat – die fast ausschließliche Beachtung der Innovationsperspektive bei vielen Dot-coms.

Nur die Verbindung aller vier Perspektiven sichert den wirtschaftlichen Unternehmenserfolg langfristig. Für jede der Perspektiven werden strategiekonforme Teilziele erarbeitet. Diese werden – eingebettet und integriert in das gesamte Ziel – mit Kennzahlen hinterlegt und somit messbar.

„Die BSC befähigt Unternehmen, finanzielle Ziele zu verfolgen und gleichzeitig den Fortschritt zu überwachen, in dem Kompetenzen aufgebaut und immaterielle Vermögenswerte geschaffen werden als Grundlage für zukünftiges Wachstum." (*R. S. Kaplan & D. P. Norton*, S. 2).

BSCs können für das Gesamtunternehmen, aber auch für einzelne strategische Geschäftseinheiten (= SGEs) definiert werden.

Welche Kennzeichen hat eine solche SGE?

„Eine für die BSC ideale strategische Geschäftseinheit führt ihre Aktivitäten durch die gesamte Wertkette aus: Innovation, Fertigungsprozess, Marketing, Vertrieb und Service. Eine solche SGE hat ihre eigenen Produkte und Kunden, eigene Marketing- und Vertriebskanäle sowie eigene Produktionsstandorte. Und (....) sie hat eine eigene Strategie." (*R. S. Kaplan & D. P. Norton*, S. 34)

Wie sieht die BSC im Überblick aus?

Finanzwirtschaftliche Perspektive

Wie sehen die Kapitalgeber das Unternehmen?

➜ Kapitalverzinsung (Eigen-, Gesamtkapitalrendite)
➜ Return on Investment (= ROI)
➜ Economic value-added (= EVA)
➜ Shareholder Value
➜ ...

Kunden-/Marktperspektive

Wie sehen die Kunden das Unternehmen?
Wie gut erfüllen wir ihre Anforderungen?

➜ Kundenzufriedenheit
➜ Kundentreue bzw. Abwanderungsraten
➜ Umsatzanteil an neuen Dienstleistungen
➜ Markt- und Kundenanteil
➜ ...

Vision und Strategie umsetzen

Interne Prozessperspektive

Wo muss sich das Unternehmen intern verbessern, um die Vision zu erreichen?

➜ Qualität
➜ Veränderungsgeschwindigkeit bzw. -bereitschaft (technologisch, organisatorisch, menschlich)
➜ Dauer und Kosten interner Prozesse
➜ Reaktionszeiten bei Kundenanfragen/-beschwerden
➜ Kosten
➜ Personalbedarf für einzelne Funktionen
➜ ...

Entwicklungsperspektive: Die Entwicklung von Individuum und Organisation

Wo liegen Lernnotwendigkeiten und Weiterentwicklungsmöglichkeiten?

➜ Ergebnisse aus Fortbildungsveranstaltungen (kein Training ohne Verbesserungsvereinbarung)
➜ Mitarbeiterengagement und -zufriedenheit
➜ Innovationen aus dem betrieblichen Vorschlagwesen/Ideenmanagement
➜ Bewusstsein ethischer Werte im Sinne der Unternehmenswerte
➜ Zugriff auf Informationssysteme
➜ ...

Abb. 19: Balanced Scorecard im Überblick

Nach diesem Überblick folgen Informationen zu den vier Perspektiven.

3.2.2 Die finanzwirtschaftliche Perspektive

„Don't tell me the story – show me the money."
Die finanzwirtschaftlichen Ziele dienen als Fokus für die Ziele und Kennzahlen aller anderen Scorecard-Perspektiven. Für die meisten Organisationen stellen finanzwirtschaftliche Themen wie gesteigerte Umsätze, gesenkte Kosten und verbesserte Produktivität, besser genutzte Anlagen und reduziertes Risiko die notwendigen Bindeglieder zwischen allen Scorecard-Perspektiven dar." (*R. S. Kaplan & D. P. Norton*, S. 46)

Finanzwirtschaftliche Ziele und Kennzahlen haben also zwei Funktionen:
– Leistungsdefinition
– Endziel für die anderen Scorecard-Perspektiven

Es gilt – angepasst an den jeweiligen Stand im Lebenszyklus einer Geschäftseinheit – angemessene Kennzahlen zu finden. Diese repräsentieren unter dem Strich das klassische finanzwirtschaftliche Ziel:

Aus dem der Unternehmung zur Verfügung stehenden Kapital ist eine exzellente, konkurrenzfähige Rendite erwirtschaftet.

Finanzwirtschaftliche Kennzahlen sind z. B.:
– Kapitalverzinsung (Eigen-, Gesamtkapitalrendite)
– Return on Investment (= ROI)
– Economic value added (= EVA)
– Shareholder Value

Fragen zur finanzwirtschaftlichen Perspektive

Kennen/Wissen Sie, Ihre Führungskräfte und Ihre Mitarbeiter...	Ja	Nein	Formulierte Antwort
...die finanzwirtschaftliche Steuerungssystematik des Unternehmens?			
...den Marktanteil bei rentablen Produkten?			
...welchen Beitrag jedes Produkt/ jede Dienstleistung bringt?			

Kennen/Wissen Sie, Ihre Führungskräfte und Ihre Mitarbeiter...	Ja	Nein	Formulierte Antwort
...ab wann die Produkte/Dienstleistungen rentabel sind?			
...an welcher Stelle es sich lohnt, zu investieren oder zu sparen?			
...wann und wo Geld verschenkt wird/„wo Luft drin ist"?			
...wo der unterste Fixkostenpunkt ist?			
...die Kennziffern für seinen Verantwortungsbereich?			

3.2.3 Die Kunden-/Marktperspektive

Abb. 20: „Herr Ober, das Essen ist kalt." „Aber selbstverständlich, Sie haben ja auch eine Stunde darauf gewartet."
(Quelle: unbekannt.)

In der Kundenperspektive geht es darum, die Kunden- und Marksegmente zu identifizieren, in denen das Unternehmen konkurrenzfähig sein soll (*R. S. Kaplan & D. P. Norton*, S. 62). Es genügt heute nicht mehr, einfach nur mit guten Produkten, die intern entwickelt wurden, am Markt präsent zu sein – der Markt und die Kundenanforderungen müssen im Unternehmen präsent sein.

Darüber hinaus gilt es, Zielkundensegmente zu definieren, die mit exzellenten Produkten wunschgerecht bedient werden. Dann ist es möglich, als konkurrenzfähiges Unternehmen die gestiegenen, individueller gewordenen Kundenanforderungen zu be-„dienen".

Das bedeutet aber auch, sich nicht nur *für* einen bestimmten Kundenfokus zu entscheiden, sondern auch durchaus *gegen* bestimmte Kunden-/Marktsegmente – denn: „Es allen recht machen zu wollen heißt, es niemandem recht machen zu können."

Abb. 21:
„Everybody's darling is everybody's fool."

(Quelle: Doris Lerche/CCC, www.c5.net)

Welches sind – unter der Kunden-/Marktperspektive – die relevanten Informationen für das Unternehmen? Es handelt sich um:

- Marktanteil,
- Kundentreue,
- Kundenakquisition,
- Kundenzufriedenheit,
- Kundenrentabilität.

Diese Kennzahlen sind auf die Zielkundengruppe abzustimmen.

Checkliste zur Kunden-/Marktperspektive

		Ja	Nein	Formulierte Antwort
(1)	Weiß jeder Mitarbeiter, wer seine (externen oder internen) Kunden sind?			
(2)	Wie hoch ist der Marktanteil insgesamt? Wie hoch bei rentablen Kunden?			
(3)	Wer sind die Mitbewerber?			
(4)	Kennen alle Mitarbeiter über Zielvereinbarungen die Erwartungen der (internen) Kunden bezüglich Qualität, Quantität, Kosten, Termin und Qualität der Zusammenarbeit?			
(5)	Erhält jeder Mitarbeiter regelmäßig Rückmeldung, inwiefern die kundenorientierten Ziele erreicht worden sind?			
(6)	Versteht sich jeder Mitarbeiter als Verkäufer der Produkte und Dienstleistungen seines Unternehmens?			
(7)	Ist klar, wer mögliche Geschäfte ins neue Quartal/Jahr verschiebt und damit „bunkert"?			

	Ja	Nein	Formulierte Antwort
(8) Wie hoch ist die Zufriedenheit der Kunden mit der gelieferten Leistung?			
(9) Wie hoch ist der Anteil an nicht-zufriedenen Kunden?			
(10) Weiß jeder Mitarbeiter, was er konkret zur um x % gesteigerten Kundenzufriedenheit beitragen wird?			
(11) Sind Mitarbeiterideen bzw. -initiativen, um Kundenwünsche noch besser oder effizienter zu erfüllen, vom Management erwünscht und werden mit Nachdruck umgesetzt?			
(12) Ist jedem Mitarbeiter klar, wie die Rentabilität von Produkten, Dienstleistungen und Kundenbeziehungen ermittelt und bewertet wird?			
(13) Kennt jeder Mitarbeiter diese Rentabilität für seinen Verantwortungsbereich?			
(14) Ist jedem Mitarbeiter klar, wofür, wann und zu welchen Kosten der Kunde sein abgeliefertes Arbeitsergebnis benötigt?			
(15) Ist für die nötigen Ressourcen (Kapazitäten, Arbeitsmittel, Budget etc.) gesorgt, um die kundenorientierten Ziele zu erreichen?			
(16) Sind die vom Mitarbeiter zu erreichenden kundenbezogenen Ziele klar priorisiert?			

(nach Target Consulting)

Fazit: Allen ist klar, wer das Gehalt bezahlt, und sie handeln auch entsprechend!

3.2.4 Die interne Prozessperspektive

Schlanke – also gut funktionierende, zielführende und wirtschaftlich ausgerichtete – interne Abläufe sind notwendig, um die anspruchsvolle Kundenperspektive auch wirklich mit Leben erfüllen zu können.

Welche internen Prozesse gibt es?

– **Innovationsprozesse** – Wie kommt das Neue in die Welt?
In diesem Prozess erforscht das Unternehmen die Bedürfnisse der Kunden (Marktforschung) und schafft dann die entsprechenden Produkte (Produktentwicklung). Vorsicht vor Sanktionen nach dem Motto: „Wer wagt, verliert."

– **Betriebsprozesse** – Wie werden diese Produkte effizient und kostengünstig hergestellt und ausgeliefert?

– **Kundendienstprozesse** – Wie wird Service geleistet? Wie wird mit Zahlungen, Garantien, Wartungen, Fehlern, Reklamationen etc. umgegangen? (*R. S. Kaplan & D. P. Norton*, S. 92 ff.)

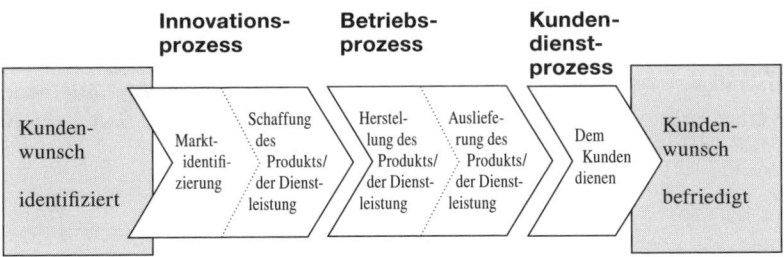

Abb. 22: Die interne Prozessperspektive – das Wertkettenmodell (*R. S. Kaplan & D. P. Norton*, S. 93)

Wettbewerbsfähig sein heißt, diese internen Prozesse wirtschaftlich und zielgerichtet gestaltet und organisiert zu haben. Dazu werden im ersten Schritt die unternehmensspezfischen, erfolgsrelevanten, kritischen Prozesse/Abläufe identifiziert, um sie dann zielorientiert auszurichten.

49

Wie werden die internen Prozesse gemessen?

Kennziffern sind beispielsweise

⇨ für Innovationsprozesse:
- %-Zahl des Umsatzes mit Produkten, die jünger als 1/2/3 Jahre sind,
- %-Zahl des Umsatzes mit Produkten, die geschützt sind,
- Zeitspanne bis zur Entwicklung der nächsten Produktgeneration,
- Benchmarking (eingeführte neue Produkte im Vergleich zur Konkurrenz),

⇨ für Betriebsprozesse:
- Qualitätskennziffern,
- Ausbeute,
- Durchlauf- und Zykluszeiten,
- Kosten,

⇨ für Kundendienstprozesse:
- Zykluszeiten (von der Anfrage bis zur Lösung des Problems),
- Kosten pro Vorgang.

Wichtig ist hierbei, die Perspektive über Abteilungs-/Bereichsgrenzen hinweg zu erweitern und unternehmensweite relevante Prozesse in den Fokus zu stellen – betrachten Sie also die gesamte Wertschöpfungskette! (Siehe hierzu auch Kapitel 3 – Integration von Zielen.)

„In der BSC werden die Ziele und Kennzahlen für die interne Prozessperspektive von expliziten Strategien zur Befriedigung von Anteilseigner- und Kundenerwartungen abgeleitet. Dieser (...) Prozess kann völlig neue verbesserungsbedürftige Geschäftsprozesse offenlegen." (*R. S. Kaplan & D. P. Norton*, S. 90)

Checkliste zur internen Prozessperspektive

Kennen/Wissen Sie, Ihre Führungskräfte und Ihre Mitarbeiter...	Ja	Nein	Formulierte Antwort
(1) ...bei den Produkten/Dienstleistungen die Gewinne bzw. Verluste und die kalkulierten Zeitanteile?			
(2) ...wie hoch die Qualitätsfehlerkosten sind?			
(3) ...wie hoch die Fehlzeiten und die Fluktuation sind? (als Messfühler für Führungsqualität)			
(4) ...welche Kosten für Besprechungen anfallen?			
(5) ...wo Beratungszeiten ohne Qualitätsverlust reduziert werden können?			
(6) ...welche Kosten für Projekt-Teams anfallen?			
(7) ..wo Zeit eingespart werden kann?			
(8) ...die Kosten ihrer Arbeitsstunden?			
(9) ...ihren Leistungsgrad?			
(10) ...den Nutzungsgrad ihrer wichtigsten Spezialisten?			
(11) ...ob diese von niedrig priorisierten Aufgaben entlastet werden und klare Prioritäten haben?			
(12) ...wann, wo, von wem die letzte bewusste Verbesserung stattgefunden hat?			

Fortsetzung **Checkliste**

Kennen/Wissen Sie, Ihre Führungskräfte und Ihre Mitarbeiter...	Ja	Nein	Formulierte Antwort
(13) ...welcher Fertigungsauftrag/ welches Entwicklungsprojekt täglich wo steht (Status)?			
(14) ...welche Konsequenzen bisherige Terminverzögerungen auf den Endtermin und das Endergebnis haben?			
(15) ...was von nicht zufriedenen Kunden gelernt wird?			
(16) ...wie das Ergebnis dieses Lernens sichtbar gemacht wird?			
(17) ...welche Prozesse zur Erfüllung der internen oder externen Kundenbedürfnisse zu optimieren sind?			
(18) ...ob alle Führungskräfte und Mitarbeiter wie Unternehmer („Intrapreneure") handeln?			

3.2.5 Die Entwicklungsperspektive

Diese Perspektive richtet ihren Blickwinkel auf notwendige Investitionen, die dafür sorgen, dass das Unternehmen sich mittel- und langfristig weiterentwickelt und seine Potenziale ausschöpft.

Der Fokus richtet sich hier auf
(1) Individuen – also Mitarbeiterpotenziale
(2) Organisationseinheiten – also Potenziale von beispielsweise Informationssystemen, um Innovation zu schaffen und Lernen zu ermöglichen
(3) Führung – also Motivation, Empowerment und Zielausrichtung.

Es existieren auch für diese auf den ersten Blick schwer zu messenden Faktoren mögliche Kennzahlen (siehe unten). Auch hier gilt, dass sie unternehmensindividuell entwickelt und angepasst werden. In vielen Unternehmen ist das Kennzahlensystem für die Lern- und Entwicklungsperspektive allerdings weit weniger entwickelt als das System für die anderen Perspektiven.

(1) Mögliche Kennzahlen für die Ausschöpfung der *Mitarbeiterpotenziale* sind:
   - das erforderliche Niveau der Weiterbildung
   - der Prozentsatz qualifizierter bzw. zu trainierender Mitarbeiter
   - die strategische Aufgabendeckungsziffer (= das Verhältnis zwischen Anzahl an Mitarbeitern, die für besondere strategische Aufgaben qualifiziert sind und dem angenommenen Bedarf an dafür qualifizierten Mitarbeitern)
   - die benötigte Zeit, um das erforderliche Qualifikations-Niveau zu erreichen

| | Zielerfüllung und Entwicklungspotenzial | |
	Vorhanden	Nicht vorhanden
Zielvereinbarungen erfüllt	Entwicklungs- und Karriereplan (Be-)Förderung	Kontinuierliche Weiterentwicklung auf hohem Niveau (Bestätigung)
Zielvereinbarungen nicht erfüllt	Maßnahmen zur Leistungsverbesserung (Korrektur)	Reifegradspezifisches Übertragen eines anderen Aufgabengebietes/Versetzung/Entlassung

Abb. 23: Zielerfüllung und Entwicklungspotenzial

(2) Mögliche Kennzahlen für die Potenziale von *Informationssystemen* sind:

   - Verfügbarkeit der Informationen über Kunden: Kundenrentabilität und Kundensegment
   - Anteil der Mitarbeiter mit Kundenkontakt, die Online-Zugriff auf kundenbezogene Informationen haben
   - Anteil der Prozesse mit Real-time-Informationen über Qualität, die Zykluszeit und die Kosten
   - Informationsdeckungsziffer (= erhältliche Information im Verhältnis zum Informationsbedarf)

(3) Mögliche Kennzahlen für *Motivation, Empowerment* und *Zielausrichtung*:

- Verbesserungskennzahlen:
  - Anzahl der Verbesserungsvorschläge pro Mitarbeiter
  - Anzahl der umgesetzten Verbesserungsvorschläge
  - Half-life-Kennzahl (= Zeitraum, innerhalb dessen eine Prozessleistung um 50% verbessert worden ist)
- Zielausrichtungskennzahlen:
  - Bekanntheitsgrad der Unternehmensvision und der BSC-Inhalte
  - %-Satz an Managern/Mitarbeitern, die ihre persönlichen Ziele und Aktivitäten an der BSC ausgerichtet haben
  - %-Satz der SGEs, die nach BSC handeln
- Teamleistungskennzahlen:
  - Einschätzung der gegenseitigen Unterstützung und Hilfsbereitschaft
  - Umfang integrierter Projektarbeit
  - %-Satz von im Team entwickelten Vorgehensweisen
  - %-Satz an Teams mit gemeinsamen Incentives

Abb. 24: Habe ich meinen Talenten Ehre erwiesen?
(Aus: „Führen mit Kopf und Herz" von K. Kälin/P. Müri, 6. Aufl. 2001, Ott-Verlag, CH-Bern)

Wie stark habe ich meinen Arbeitsplatz seit dem letzten Jahr verbessert? Was will ich für morgen beitragen?

Sollten die Ziele (noch) nicht über Kennzahlen quantifiziert werden können, so kann diese Lücke im Kennzahlensystem vorübergehend qualitativ in Worten beschrieben werden (*R. S. Kaplan & D. P. Norton* nach *M. Beer*, S. 139).

Dies sollte jedoch nach Meinung der BSC-Experten nur eine zeitlich befristete Notlösung sein, da „... das Nichtvorhandensein spezifischer Kennzahlen ein verlässlicher Indikator dafür ist, dass das Unternehmen seine strategischen Ziele nicht mit Aktivitäten zur Mitarbeiterweiterbildung, zur Informationsversorgung und zur Ausrichtung von Einzelnen, Teams und Organisationseinheiten an der Unternehmensstrategie und mit den langfristigen Zielen verknüpft hat." (*R. S. Kaplan & D. P. Norton*, S. 138)

Verbunden mit den Kennzahlen aus der finanzwirtschaftlichen und Kunden-/ Markt- und internen Prozessperspektive entsteht ein umfassendes System der Leistungsmessung.

Checkliste zur Entwicklungsperspektive

Wissen Sie, Ihre Führungskräfte und Ihre Mitarbeiter...	Ja	Nein	Formulierte Antwort
(1) ...wie die Wertschöpfung pro Teilnehmer pro Woche nach absolvierten Trainings ist?			
(2) ... wo Trainierte vorangekommen sind? Was sie umgesetzt haben?			
(3) ... wo dies nicht der Fall war und was die Ursachen hierfür sind?			
(4) ... welche Kriterien angelegt werden, um die Umsetzung von Trainings in die Praxis zu überprüfen?			

Fortsetzung **Checkliste**

Wissen Sie, Ihre Führungskräfte und Ihre Mitarbeiter...	Ja	Nein	Formulierte Antwort
(5) ...wie viele Trainingstage pro Mitarbeiter pro Jahr anfallen?			
(6) ...ob die Anmeldung zu Trainingsmaßnahmen eine bedarfsgerichtete Notwendigkeit voraussetzt?			
(7) ...ob alternative Lern- und Entwicklungsmöglichkeiten ausgeschöpft werden (z. B. training on the job, electronic learning, job-rotation etc.)?			
(8) ...inwieweit sämtliche Lerninhalte mit Kurz-, Mittel- und Langfrist-Zielen des Unternehmens abgestimmt sind?			
(9) ...ob ein bereichs- und unternehmensübergreifendes Wissensmanagement-System existiert?			
(10) ...ob ein Qualitätsmanagement-System existiert?			
(11) ...wenn ja, wie diese Systeme optimal genutzt werden?			

3.3 Wie sieht der Prozess aus, mit dem die Vision und die Strategie mit Hilfe der Balanced Scorecard umgesetzt werden?

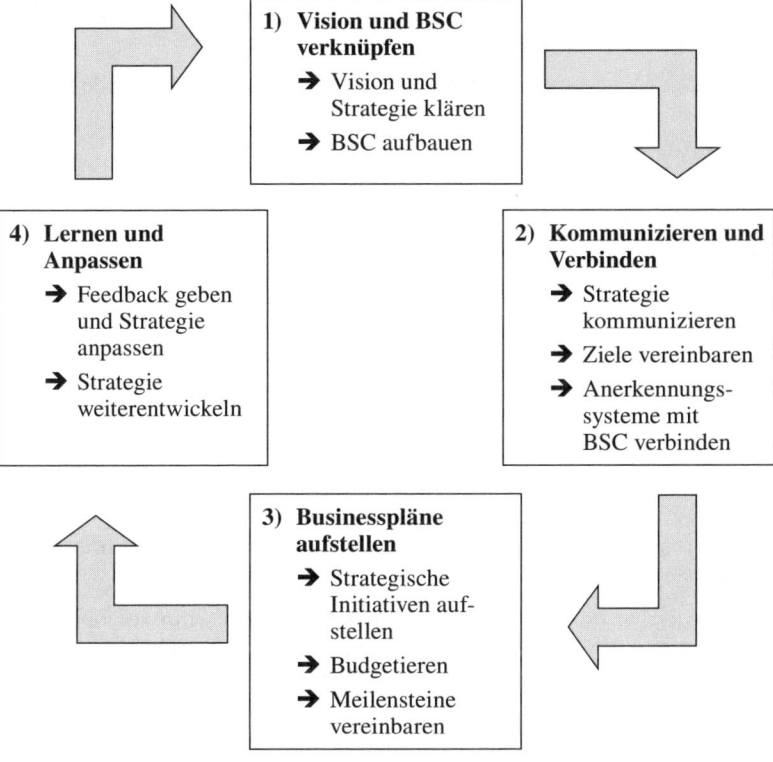

1) Vision und BSC verknüpfen
➜ Vision und Strategie klären
➜ BSC aufbauen

4) Lernen und Anpassen
➜ Feedback geben und Strategie anpassen
➜ Strategie weiterentwickeln

2) Kommunizieren und Verbinden
➜ Strategie kommunizieren
➜ Ziele vereinbaren
➜ Anerkennungssysteme mit BSC verbinden

3) Businesspläne aufstellen
➜ Strategische Initiativen aufstellen
➜ Budgetieren
➜ Meilensteine vereinbaren

Abb. 25: Die Balanced Scorecard als Rahmen, eine Strategie operativ umzusetzen

Die BSC unterstützt das Management dabei, systematisch über zukünftige, innovative Ziele nachzudenken und diese mit der Ausrichtung an der Vision zu verbinden.

Die Ziele werden mit Leistungsstandard (siehe Kapitel 4.1) messbar gemacht und können eventuell über eine technische Lösung (z. B. Data Warehouse) automatisiert verarbeitet werden.

Die BSC drückt die Strategie der Geschäftseinheit aus, indem Ergebnis- und Leistungstreiberkennzahlen durch Ursache-Wirkung-Beziehungen miteinander verknüpft werden.

Warum haben wir das Instrument der BSC in einem Buch über MbO und Motivation vorgestellt?

Die beiden Managementkonzepte haben gleiche zugrunde liegende Annahmen, wie

- Zielorientierung
- Messbarmachen von Zielen
- Prozessorientierung
- unternehmensweite Integration von Zielen
- Motivation aller am Unternehmenserfolg Beteiligten durch Einbeziehen und
- Denken in Feed-*Forward*.

Die BSC

- stellt Vision, Ziele und Strategie übersichtlich dar
- integriert die vier Perspektiven
- vernetzt die treibenden Faktoren zukünftiger Leistungen
- führt zu Konsens über die Ziele
- und macht diese für das Management und die Mitarbeiter transparent und somit umsetzbar.

Beide Ansätze dienen der Strategieformulierung bis hin zur operativen Umsetzung – die Umsetzung von Strategie in fokussierte Aktion mit ultimativem Ziel, unterlegt mit einem klaren, kennzahlenunterlegten Mess-System.

Dies zeigt sich auch bei der Befragung deutscher Manager zur Wirkung der BSC:

Mit der BSC gelingt es...	Zustimmung
...Strategien effizienter umzusetzen	75%
...Zielerreichung wirkungsvoll zu kontrollieren	75%
...unternehmensweit einheitlich zu sprechen	63%
...effizientere individuellere Zielvereinbarungen zu treffen	56%

Als gravierend negativ wird es angesehen, wenn individuell vereinbarte Ziele nicht honoriert werden.

3.4 Priorisieren von Zielen im Unternehmen (Nutzwert- und Risikoanalyse)

„Es strebt der Mensch, so lang er lebt. Es irrt der Mensch so lang er strebt. Es lebt der Mensch, so lang er irrt. Am Ende ist der Mensch verwirrt." (*Quadbeck-Seeger*, ehemaliger Entwicklungsvorstand der BASF AG)

Wie werden die vom Unternehmen, von einzelnen Einheiten und Mitarbeitern zu erreichenden Ziele erarbeitet und priorisiert?

In diesem Kapitel stellen wir hierzu zwei Arbeitstechniken vor.

Die **Nutzwertanalyse** ermöglicht die Gewichtung und Priorisierung von Zielen.

Mit der **Risikoanalyse** erhalten Sie ein Instrument zur systematischen Erfassung und Bewertung von Risiken an die Hand.

3.4.1 Nutzwertanalyse

„Reite kein totes Pferd!" (Spruch der Dakota-Indianer) und „Professionalität ist die Anwendung von Arbeitstechniken." (*F. Malik*)

Zunächst werden diejenigen Ziele, die unbedingt erreicht sein müssen (= Grenzbedingungen), definiert und in die linke Spalte eingetragen.

Die einzelnen Möglichkeiten (= Handlungsalternativen) werden dahingehend bewertet, ob die Muss-Ziele durch diese erfüllt werden. Ist ein Muss-Ziel bei einer Möglichkeit nicht erfüllt, so ist diese „aus dem Rennen". Denn: Muss-Ziele sind k.o.-Kriterien.

Nutzwertanalyse – Schritt 1

Muss-Ziele (Grenzbedingungen)	Möglichkeit 1	Möglichkeit 2	Möglichkeit 3
Muss-Ziele erfüllt ja/nein			

Im zweiten Schritt werden die Wunsch-Ziele („nice-to-have") aufgelistet und mit Gewichtungen versehen. Die Möglichkeiten werden mit Punktzahlen versehen. Diese Punktzahlen werden mit dem Gewichtungsfaktor multipliziert.

So ergibt sich eine Summe pro Möglichkeit und Wunsch-Ziel. Die Addition der Einzelsummen ergibt den Nutzwert für die Möglichkeiten.

Nutzwertanalyse – Schritt 2

Wunsch-Ziele	Ge-wich-tung 1-10	Möglichkeit 1		Möglichkeit 2		Möglichkeit 3	
		Punkte (1-10)	Gewich-tung x Punkte	Punkte (1-10)	Gewich-tung x Punkte	Punkte (1-10)	Gewich-tung x Punkte
Summe Nutzwert							

(1 = niedrig, 10 = hoch)

Diejenige Alternative wird ausgewählt, welche die Muss-Ziele erfüllt und bei den Wunsch-Zielen den höchsten Nutzwert hat. Durch diese rationelle Vorgehensweise werden Entscheidungen nachvollziehbar, systematischer, und die Zielhierarchie und -wertung wird berücksichtigt. Ab einem Plus von 20% bei Nutzwert- und Risiko-Analyse (s. Kapitel 3.4.2) ist die Möglichkeit favorisiert.

Bei gleicher Punktzahl können zur Abrundung weitere Expertenmeinungen eingeholt werden, können die Intuition, die Unternehmenskultur und der Entscheidungstyp der Handelnden zur Geltung kommen.

Abb. 26: Protect your vulnerabilities: „Vorsicht ist die Mutter des Betriebsgewinns"

3.4.2 Risikoanalyse

„What can go wrong, will go wrong." (Murphy's Law)

Der Zufall begünstigt nur den vorbereiteten Geist. (*C. Pasteur*)

Wer handelt, geht Risiken ein, denn es gibt keine Aktion ohne Risiko. Unprofessionell handelt derjenige, der die Risiken seiner Vorgehensweise und Entscheidung nicht systematisch erfasst, bewertet und abwägt. Auf Basis einer Risikoanalyse lassen sich Entscheidungen wohlkalkuliert und mit größerer Gelassenheit treffen.

Es geht nicht darum, eine Vollkasko-Mentalität zu entwickeln, sondern saubere Entscheidungsgrundlagen zu schaffen, damit eintretende Risiken nicht als böse Überraschungen „vom Himmel fallen".

Risikoanalyse

Möglichkeit	Risiken	Wahrschein-lichkeit (1–10)*	Auswirkun-gen (1–10)*	Multi-plikator
1				
Risikowert Möglichkeit 1:			Summe =	
2				
Risikowert Möglichkeit 2:			Summe =	
3				
Risikowert Möglichkeit 3:			Summe =	

* (1 = gering; 10 = gross)

Vorgehensweise:
Für die einzelnen Möglichkeiten werden die Risiken gesammelt und mit Eintrittswahrscheinlichkeiten versehen.
Dann wird die Auswirkung auf das Vorhaben beziffert.
Die Summe des Multiplikators ergibt den Risikowert der einzelnen Möglichkeiten. Je höher dieser ist, desto höher ist das Risiko.

Fragen zur Risikoanalyse

	Ja	Nein	Formulierte Antwort
(1) Kennen wir alle Risiken unseres Vorhabens?			
(2) Welche Risiken sind das?			
(3) Wie wahrscheinlich ist das Eintreten des jeweiligen Risikos?			
(4) Was sind die potenziellen Auswirkungen?			
(5) Wie können wir sie vermeiden?			
(6) Mit welchen Maßnahmen können wir bei Eintreten den Schaden minimieren?			
(7) Was kostet die Risikovorsorge?			
(8) Gehen wir das kalkulierte Risiko ein oder bezahlen wir die Kosten der Risikovorsorge und/oder Schadensminimierung?			
(9) Wie riskant ist unser Vorhaben insgesamt (Betrachtung, Abschätzung und Bewertung aller Risiken)?			

Mit den beiden Arbeitstechniken **Nutzwertanalyse** und **Risikoanalyse** können Sie – zielorientiert (Muss-/Wunsch-Ziele) und motivierend (Beteiligung am Erarbeiten) – rationale Entscheidungen treffen. Bei jeder Entscheidung spielt jedoch auch noch – wie bei der Nutzwertanalyse angesprochen – die emotionale Seite, der „Nasenfaktor", die Intuition, der Entscheidungstyp und die Unternehmenskultur eine Rolle. Hierüber gilt es sich – ebenso wie über die rationalen Kriterien – bewusst zu werden.

Denn: Die emotionale Seite einer jeden Entscheidung spiegelt sich in den drei „klassischen" Entscheidungstypen und ihrem (durch Training zu optimierenden) Entscheidungsverhalten.

Wie entscheide ich?

Entscheidungstyp	Entscheidungsverhalten überdenken/ Veränden in Richtung...
(1) Vorschneller Entscheider	Mehr Fakten sammeln Flucht nach vorn bremsen
(2) Subjektiver Entscheider	Mehr Alternativen abwägen Selbsteinigelung aufgeben
(3) Zögernder Entscheider	Kalkulierte Risiken eingehen Barrieren überwinden

„Sie zweifeln nicht, um zur Entscheidung zu kommen. Köpfe nutzen sie nur zum Schütteln. Mit besorgter Miene warnen sie die Insassen sinkender Schiffe vor dem Wasser."
(*B. Brecht*)

Wie werden Sie als Führungskraft von Ihren Kunden und Mitarbeitern besser nicht wahrgenommen?

Wichtig ist auch, dass Entscheidungen von Experten, welche sich auf Intuition und Urteilsvermögen stützen, keinesfalls mit irrationalen Entscheidungen aus emotionsgeladenen Situationen gestresster Führungskräfte verwechselt werden. Die Intuition einer gefühlsgetriebenen Führungskraft unterscheidet sich maßgeblich von der Intuition eines fachlich versierten und interessierten Experten. Die intuitive Reaktion einer Führungskraft unter Druck ist eine Reaktion auf tief liegende Gefühle und Zwänge und dadurch in den meisten Fällen falsch. Das Verfahren eines intuitionsgesteuerten Experten ist das Ergebnis eines langen Lern- und Erfahrungsprozesses und kann sich situationsgerecht anpassen (nach *Simon*).

Abb. 27: Zögernder Entscheider
(Quelle: Karl-Heinz Brecheis/CCC, www.c5.net)

And last but not least:

Jeder Mensch bringt eine individuelle Risikoneigung mit. Manche leben nach dem Motto „crash and learn" und manch anderer „fürchtet sich schon vor der unendlichen Weite seines Laufstalles". ☺

3.5 Die Integration von Zielen

Lösen Sie in Ihrem Unternehmen erst die Handbremse, bevor Sie auf's Gaspedal treten."

Abb. 28: Integrierte Ziele: „Damit die rechte Hand weiß, welche Ziele die linke erreichen will."
(Quelle: unbekannt)

Das Unternehmen als gesamtes System, in welchem Bereiche, Teams und Individuen aufeinander abgestimmte Ziele erreichen. Motto: „Da muss die ganze Truppe ran, ein Jeder tue, was er kann."

So sieht der Idealfall aus. In der Praxis sind hingegen häufig Konkurrenz und unabgestimmte Vorgehensweisen zu finden.

Wie in einer Fußballmannschaft, über die geschrieben wurde: „Wie diese Ansammlung von Popstars und Alleskönnern in Stress-Situationen funktionieren könnte." Spielen allein genügt nicht – zusammenspielen ist alles. Eine Star-Mannschaft schaffen, nicht eine Mannschaft von Stars: Kooperationseliten bilden gegen die Arroganz des Einzelnen.

Roy Makay: „Von der ersten Minute hat alles geklappt... die Mannschaft hat gute Qualität, wenn sie kämpft und läuft, wenn man einander unterstützt."

Pischetsrieder: (... haben wir) „durch bessere Integration und Kommunikation mit unseren Mitarbeitern noch eine ganze Menge Möglichkeiten."

R. von Weiszäcker: „Freiheit ist nicht lebensfähig ohne Solidarität."

Wie werden die Ziele aufeinander abgestimmt?
– durch den unternehmensweiten Zielvereinbarungsprozess
– durch das Commitment des Top-Managements, gemeinsam an einem Strang zu ziehen
– durch bereichsübergreifende Kommunikation
– durch professionelles, integrierendes Projektmanagement.

Was motiviert, sich für bereichsübergreifende Ziele einzusetzen?
– die integrierende Zielvereinbarung
– das Vorleben und die klare Aussage „von oben", dass dies gewünscht und gefordert ist
– die entsprechende Beurteilung und Honorierung
  (nur Predigen alleine reicht nicht, die Anreize müssen stimmen)
– passende Controllinginstrumente.
(s. auch Abb. 18, S. 37)

In einer Verantwortungsgemeinschaft mit integrierten Zielen kommt bei Coo-petition der individuelle Ehrgeiz dem Gemeinwohl und dem Einzelnen zu Gute.

4. Zielvereinbarung als Motivationsmethode: Vorgehen und Leitfragen

„Wer vom Ziel nichts weiß, wird den Weg nicht finden." (*C. Morgenstern*)

Abb. 29: Diffuse Vorwärtsstrategie – „Action please! Action please!"
(Quelle: Karl-Heinz Brecheis/CCC, www.c5,net)

MbO heißt Führen durch **Zielvereinbarung**. In regelmäßigen Abständen (oder wenn maßgebliche Veränderungen eingetreten sind) werden zwischen Führungskraft und Mitarbeiter Ziele vereinbart und messbar gemacht. „... die Zielvereinbarung erfolgt in einem Prozess, bei dem Oberziele bis hin zu operationalen Abteilungszielen konkretisiert" und zur Übereinstimmung gebracht werden. (*W. H. Staehle*, S. 853). So werden Ziele auch bei Schwierigkeiten energievoll verfolgt.

Also bloß nicht: „Er hat seine Ziele committet bekommen."
(Zitat aus einem deutsch-amerikanischen IT-Unternehmen).

Der beschriebene Prozess wiederholt sich auf jeder Hierarchiestufe und in jeder neuen Führungsperiode bzw. wenn aufgrund von Veränderungen die Ziele neu zu justieren sind.

Bei projektbezogenen Zielen wird als Zeitraum die Projektlaufzeit verwendet. Bei sehr langdauernden und komplexen Projekten gilt der Zeitraum zwischen den einzelnen Meilensteinen.

Nach Ablauf der Zeitperiode findet ein Abgleich zwischen tatsächlich erreichten und vereinbarten Zielen statt. Um diesen Abgleich – ohne Konflikte und Missverständnisse – durchführen zu können, werden im Vorfeld eindeutige Leistungsstandards definiert.

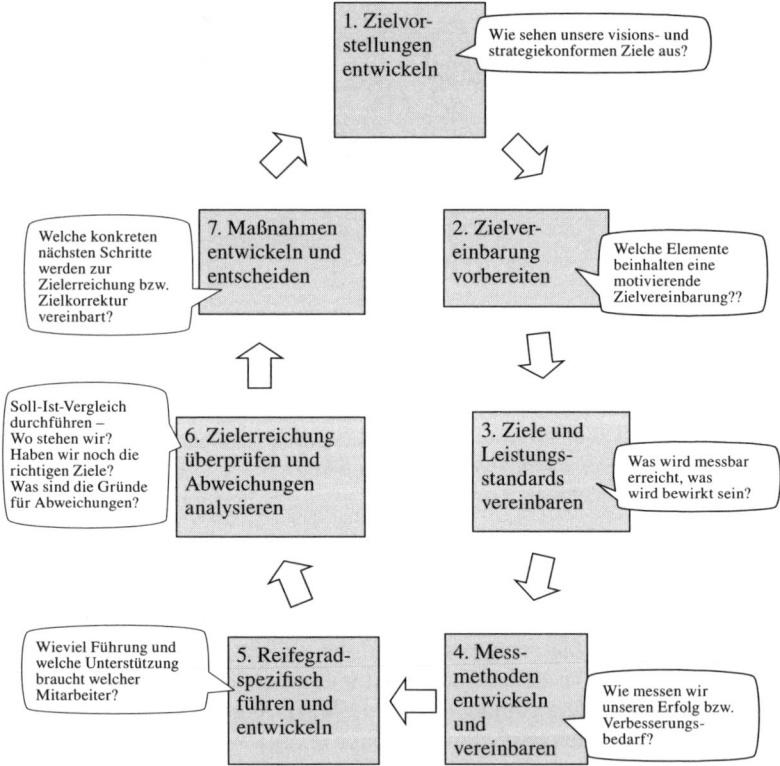

Abb. 30: Der Zielvereinbarungsprozess im Überblick

4.1 Zielvorstellungen entwickeln

„Alles Bewirken beginnt mit dem gerichteten Denken auf das Ziel!"

Strategieentsprechende Ziele werden fokussiert (beispielsweise mit Hilfe der Nutzwert- und Risiko-Analyse) und definiert. Die Beantwortung der Frage „Wie sehen unsere visions- und strategiekonformen Ziele aus?" steht am Anfang.

Die Unternehmensphilosophie und -vision dienen hier als Leitplanken, als Grenzen, in denen Ziele von Bereichen und einzelnen Mitarbeitern entwickelt werden.

Fünf Standards dienen der Konkretisierung und Detaillierung:

- Qualität
- Quantität
- Kosten
- Termin
- Qualität der Zusammenarbeit (s. Kapitel 4.3).

Fragen zur Entwicklung von Zielvorstellungen

	Ja	Nein	Formulierte Antwort
(1) Welche Ziele bringen uns unserer Vision näher?			
(2) Wozu wollen wir/will ich das eigentlich tun?			
(3) Nehme ich Aufgaben wahr, für die ich keine Ziele nennen kann?			
(4) Welche Ziele dienen der Selbstdarstellung?			
(5) Welche konkreten Ergebnisse will ich erzielen?			
(6) Was wird die Wertschöpfung sein? Worüber habe ich Rechenschaft abzulegen? Wie wird dies gemessen?			
(7) Wie sehen Termin, Qualität, Quantität, Kosten, Qualität der Zusammenarbeit aus?			
(8) Womit gebe ich mich nicht zufrieden?			

Fortsetzung **Checkliste**

	Ja	Nein	Formulierte Antwort
(9) Sind die Ziele positiv motivierend oder will ich nur etwas Negatives vermeiden?			
(10) Habe ich neben den Standard-zielen auch Innovationsziele aufgenommen?			
(11) Habe ich Ziele zur persönlichen Entwicklung aufgenommen?			
(12) Welche persönlichen Ziele habe ich zur Zeit?			
(13) Welche davon verwirkliche ich mit dem, was ich tue?			
(14) Wie werden sich meine Ziele in den nächsten drei Jahren verändern?			
(15) Wie werde ich dann Erfolg definieren?			
(16) Wie sieht ein glücklicher Tag in drei Jahren aus?			
(17) Worauf möchte ich zurück-blicken? Was habe ich in Händen, wenn das Ziel erreicht ist?			
(18) Bringe ich mich heute mit einem klaren Ziel auf Hochtouren?			

Welche **Zielarten** sind im Unternehmensalltag relevant?

	Fachliche Ziele	Ziele in der Zusammen-arbeit	Führungsziele
Standardziele			
Innovations- oder Verbesserungsziele			
Persönliche Entwicklungsziele			

Erläuterung der Zielarten

Standardziele

- sichern den Status quo
- beziehen sich auf das „Brot- und Butter-Geschäft"
- sichern die wirtschaftliche Existenz des Unternehmens jetzt aktuell.

Beispiel:
Ich habe bis zum 31. 12. des Jahres mindestens zehn Baufinanzierungs-kredite verkauft und damit für meine Vertriebs-Filiale einen Provisions-ertrag von x € erwirtschaftet.

Zeit: bis 31.12. des Jahres
Kosten: maximal € 500 für Akquise (Telefon, Spesen, ...)
                  maximal 150 interne Arbeitsstunden
Qualität: Kredite in der Risikoklasse 2 oder besser
                  Kunde bestätigt gute Beratung
Quantität: 10 Baufinanzierungskredite, Volumen insgesamt 3 Millionen €
Güte der
Zusammenarbeit: Kollegen aus der Kreditabteilung haben mich aktiv und motiviert bei der Umsetzung des Vertriebsziels unterstützt. Zum Jahresabschluss wird der Erfolg gefeiert (ich lade ein zum Bier).

Innovations- und Verbesserungsziele

- beziehen sich auf die Entwicklung von innovativen und verbesserten Produkten, Abläufen, Beziehungen...
- sichern die wirtschaftliche Existenz und Wettbewerbsfähigkeit des Unternehmens in der Zukunft
- verhindern das Zurückfallen hinter die Wettbewerber.

Ein Beispiel für Denken in Innovationszielen:
McKinsey-Chef Gupta auf die Frage, warum sein Unternehmen nicht an die Börse geht: „Geld ist für uns kein Thema. Es ist für uns wichtiger, unsere Werte wie Objektivität und Unabhängigkeit zu pflegen. Jede Generation versucht, die Firma stärker zu verlassen, als sie sie vorgefunden hat. Jetzt zu kapitalisieren würde bedeuten, dass die jetzigen Partner Profit machen. Ich denke, wir sollten lieber darüber nachdenken, wie *künftige Partner Profit* machen."

Weitere Beispiele:
Ab Ende des 3. Quartals diesen Jahres haben meine Team-Mitglieder ihre Service-Einsätze selber geplant.

Zeit:	bis 30. September diesen Jahres
Kosten:	maximal € 5.000 für die Anschaffung eines Planungstools und maximal 100 interne Arbeitsstunden zur Einführung der neuen Vorgehensweise und des Tools
Qualität:	keine Beschwerden von Kunden oder der Sales-Abteilung wegen Terminüberschreitungen bei den Einsätzen
Quantität:	Mitarbeiter machen 5% mehr Umsatz mit den Einsätzen, maximal drei Termine pro Monat werden von mir noch selbst eingeplant
Güte der Zusammenarbeit:	Die Mitarbeiter haben die Veränderung bei einer Befragung im Januar des nächsten Jahres positiv bewertet!

Die elektronische Gesundheitsakte ist in unserem Unternehmen eingeführt. (Anmerkung: Dieses Beispiel stammt von einem Betriebsarzt eines Chemie-Unternehmens).

Zeit:	bis zum 01. 01. des Jahres ...
Kosten:	€ 200.000 inklusive Schulung der Mitarbeiter im neuen System
Qualität:	Die manuelle Auftragserstellung und Befundsuche bei 40.000 Untersuchungen pro Jahr entfällt. Der papier- und handschriftliche Schreibaufwand ist um 90% gekürzt. Das Berechtigungskonzept ist verwirklicht. Der Aktentransport ist auf Null reduziert.
Quantität:	100% der berechtigten Gesundheitsvorsorge-Mitarbeiter arbeiten am 01. 01. des Jahres damit. Zwei Stellen im Bereich Gesundheitsvorsorge sind bis zum 31. 12. des nächsten Jahres durch die Effizienzsteigerungen eingespart.
Güte der Zuammenarbeit:	Aufwand für Kommunikation zwischen den vier Ambulanzen und den Ärzten ist um mindestens 50% reduziert. Für die zwei Mitarbeiter, deren Stelle wegfällt, ist eine sozialverträgliche Lösung gefunden.

Bei Konfusion der Ziele hilft kein Perfektionismus im Handeln!

Persönliche Entwicklungsziele
- beziehen sich auf die Entwicklung jedes Einzelnen
- Stärken werden fokussiert und betont
- Schwächen werden abgebaut

Beispiel:

Bis 31. 12. diesen Jahres ist der Anteil an operativen Aufgaben meiner Tätigkeit für unser Unternehmen unter 30%.

Zeit:	bis 31. 12. dieses Jahres
Kosten:	eine zusätzliche Praktikantenstelle
Qualität:	keine Eskalation von Kunden
Quantität:	weniger als 30% der Arbeitszeit wird für operative Tätigkeiten verwendet

Güte der
Zusammenarbeit: Meine Mitarbeiter bewerten meinen Führungsstil mit dem Test besser als 2.0.

(Diese Beispiele wurden von Führungskräften formuliert. Vielen Dank für die aktuellen und realistischen Praxisbeiträge.)

Die vier – immer wieder zu stellenden – Kernfragen sind:

Wozu soll das erreicht werden?	**Für wen soll es erreicht werden?**
Woran erkennen wir das Ergebnis?	**Wie messen wir das Ergebnis?**

4.2 Zielvereinbarung vorbereiten

„Eine Zielvereinbarung ist das gemeinsame Festlegen anzustrebender Ergebnisse für einen bestimmten Zeitraum." (nach *K. Berkel*)

Diese setzt wertfreie Information – keine Entscheidungen – voraus, über die alle Gesprächspartner verfügen.

Welche Elemente beinhaltet eine motivierende Zielvereinbarung?
- klar formulierte und priorisierte Ziele aus allen drei Kategorien
- Standardziele
- mindestens ein Innovations- und Verbesserungsziel
- persönliche Entwicklungsziele
- Leistungsstandards und Bewertungskriterien (s. Kap. 4.3)
- Ressourcen/Voraussetzungen.

Was wird vereinbart?
Ein auf einen Zeitraum bezogenes Ziel, welches zu erreichen ist.

Welche Voraussetzungen müssen zur Zielerreichung erfüllt sein?

Hierbei handelt es sich beispielsweise um Budget, Mitarbeiter, Werkzeuge wie z. B. Software-Tools, Unterstützung durch Chef/Kollegen, die entsprechend geklärte mikropolitische und wirtschaftliche Situation und sauber definierte Entscheidungsprozesse.

Diese Voraussetzungen bedingen den Erfolg und die Möglichkeit, das Ziel zu erreichen. Sie sind daher präzise zu beschreiben, um Ausreden und Missverständnissen vorzubeugen. Nur im Extremfall wird eine Zielanpassung bei Veränderung der Rahmenbedingungen notwendig.

Verändern sich Ziele massiv (z. B. durch stark veränderte Kundenwünsche), so wird ein erneutes Zielvereinbarungs-Verfahren in Gang gesetzt. Dies bedeutet, die veränderten Bedingungen zu berücksichtigen und ein angepasstes Ziel zu vereinbaren.

Zur Vorbereitung der Zielvereinbarung helfen die folgenden Fragen:

	Antwort
(1) Welche Ziele will *ich* mit Chef, Mitarbeitern, Kollegen und Kunden vereinbaren?	
(2) Welches sind die drei wichtigsten Ziele für das nächste Jahr?	

Fortsetzung Tabelle Zielvereinbarung

	Antwort
(3) Welche Zielkonflikte sind zu erwarten?	
(4) Was kann ich dazu beitragen, Ziele zu integrieren?	
(5) Was kann ich tun, um die Abstimmung mit Chef, Mitarbeitern, Kollegen und Kunden zu erleichtern?	
(6) Welche Informationen benötige ich, benötigen aber auch Chef, Mitarbeiter, Kollegen und Kunden, um die Ziele abstimmen zu können?	

Entsprechend der Ziele ist dem Mitarbeiter mit Kompetenz und Verantwortung zu delegieren bzw. muss dieser das einfordern – das Gleichgewicht zwischen diesen drei Elemente ist herzustellen:

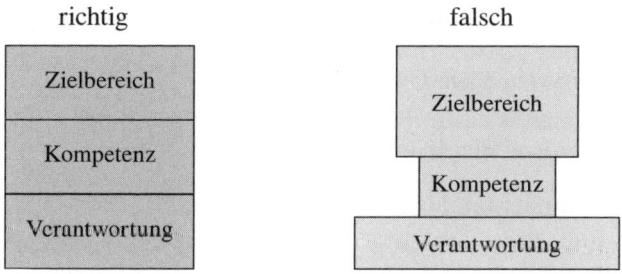

Abb. 31: Balance von Zielbereich, Kompetenz und Verantwortung – so funktioniert „delegation of power"!

75

4.3 Ziele und Leistungsstandards vereinbaren

„Ich kann ein Ziel nicht treffen, wenn ich es nicht sehe!"

Abb. 32: „Ein Ziel zu treffen ist nicht schwer. Man muss nur nah genug herangehen."
(Quelle: Detlef Kersten/CCC, www.c5.net)

Ziele und Leistungsstandards sind *schriftlich* zu vereinbaren.
Erstens, weil Schreiben präziseres Denken ist und
zweitens weil dadurch Missverständnisse vermieden werden und Eindeutigkeit/Klarheit geschaffen wird. Als Nebeneffekt wird die Dokumentation so bereits mitgeliefert.

Nutzen Sie hierfür das in Ihrem Unternehmen eingeführte Mitarbeiterorientierungs- und Beurteilungssystem!

Welche **Leistungsstandards** werden vereinbart?

(1) **Quantität** (Wieviel?)
(2) **Qualität** (Wie gut ist die Qualität des Produktes, der Prozesse, der Technologie, des Service? Wie wird diese gemessen? z. B. durch Kundenbefragungen, Benchmarking o. Ä.)

(3) **Zeit** (Bis wann? In welchem Zeitraum?)
(4) **Kosten** (Wie teuer?)
(5) **Qualität** der Zusammenarbeit (Wie *gut* wurde mit anderen internen oder externen Einheiten kooperiert, abgestimmt und integriert? Sind diese bereit, erneut ein gemeinsames Vorhaben durchzuführen?)

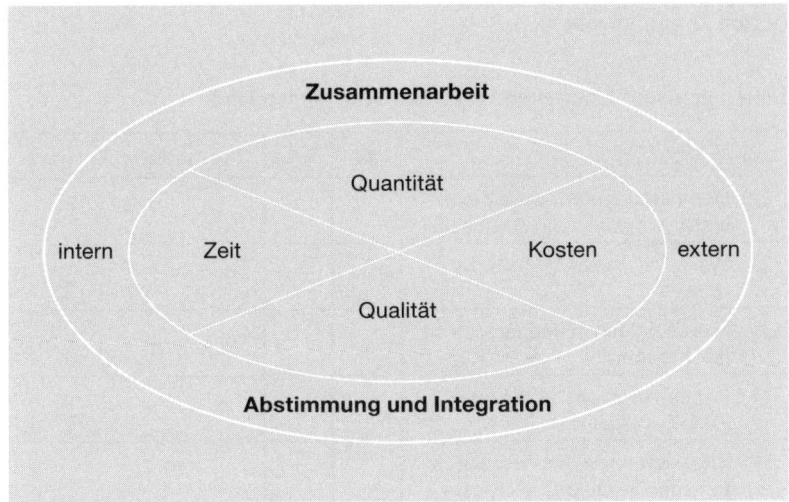

Abb. 33: Erst die Auseinandersetzung mit einem Gütemaßstab macht die Leistung zu einem Erfolg oder Misserfolg

Werfen wir einen Blick in die Welt des Sports – Lauftraining (*H. Steffny* & *U. Pramann*, S. 79). „Der Gesundheits- und Leistungsläufer ist gut beraten, nicht einfach draufloszurennen, sondern durch gezielte Planung seines Lauftrainings seine sportliche Leistungsfähigkeit möglichst günstig einzusetzen. Alle kurz- oder langfristigen Massnahmen (...) lassen sich – je nach Zielsetzung – (...) optimal abstimmen und steuern."

Um welche Kriterien handelt es sich beim Lauftraining?

Da geht es um

– Koordination
– Beweglichkeit
– Kraft
– Schnelligkeit
– Ausdauer.

Hier gilt das Gleiche wie bei den vier Perspektiven der BSC: Eine einseitige Ausrichtung auf einen Aspekt wird zum Misserfolg führen. Trainiert ein Läufer beispielsweise ausschliesslich Ausdauer, so wird er im finalen Sprint gegen seinen Wettkampf-Konkurrenten unterliegen. Gleichwohl steht in der Disziplin „Marathonlauf" die Ausdauer im Vordergrund – vergleichbar mit der „finanziellen Perspektive" der BSC bei profitorientierten Organisationen.

Leitfragen zum Erarbeiten von messbaren Zielen sind:

	Ja	Nein	Formulierte Antwort
(1) Definieren wir wirklich Ziele, keine Aufgaben und Aktionen?			
(2) Was wird erreicht, was bewirkt sein?			
(3) Woran erkennen und messen wir das Ergebnis?			
(4) Haben wir noch die richtigen Ziele?			
(5) Präzisieren wir die Ziele durch Leistungsstandards als Messgrößen?			
(6) Sind unsere Ziele somit eindeutig beurteilbar?			
(7) Sind die Ziele erreichbar und realistisch? (nur dann sind sie motivierend)			
(8) Messen wir (reifegradspezifisch) erreichte Zwischenziele? Wenn ja, wann?			
(9) Hat jeder mindestens ein Innovationsziel?			
(10) Sind die Ziele aufeinander abgestimmt, widerspruchsfrei und integriert?			
(11) Mit welchen Bereichen/ Personen ist das noch zu tun?			

Fortsetzung Tabelle „messbare Ziele"

	Ja	Nein	Formulierte Antwort
(12) Werden Zielkonflikte offen angesprochen?			
(13) Klären wir mit Hilfe der Zielkonflikte eindeutig: Wo steht am meisten auf dem Spiel? Wo ist der Brennpunkt? Welches ist die Rangfolge meiner Ziele?			
(14) Am Ende der Zielvereinbarung: Habe ich/mein Partner messbare Ziele zur (Selbst-)Kontrolle? Weiß mein Partner ganz genau, was ich von ihm erwarte?			
(15) *Kennt* mein Partner die Ziele nicht nur, sondern kann er sie auch erreichen? *Will* er das auch? *Darf* er das auch?			
(16) Hat er 100% Entscheidungs- freiheit, Kompetenz und Verantwortung, die er zur Zielerreichung braucht?			

Sonst heißt's zum Schluss frei nach *Karl Valentin*: „Mög'n tät'n wir schon wollen, aber dürfen haben wir uns nicht getraut!"

Ein Beispiel zu Frage 7:
Bei einem Reifenhersteller wurde nach einem Markteinbruch noch drei (!) Monate weiter nach veralteten Zielen produziert.

4.4 Messmethoden entwickeln und vereinbaren

„Messbare Ziele sind besser als gute Absichten!"
und
„Mach' das Verhalten der Menschen messbar – so wird es sich ändern!"
und
„Trenne den Menschen nicht von den Konsequenzen seines Verhaltens!"

Grundsätzlich gilt:

➔ keine Zielvereinbarung ohne Kontrolle <–> keine Kontrolle ohne Zielvereinbarung
➔ keine Zielerreichung ohne Anerkennung
➔ keine Zielabweichung ohne Folgerung

Denn: „Ziele setzen das Verhalten in Gang, Konsequenzen halten es in
Gang." (*K. Blanchard*)

Fragen zu diesem Abschnitt sind:

	Ja	Nein	Formulierte Antwort
(1) Woran messen wir den persön-lichen Erfolg bzw. Verbesse-rungsbedarf?			
(2) Auf welche Messmethoden haben wir uns geeinigt?			
(3) Ist die Kontrolle dem Entwick-lungsstand des Mitarbeiters angemessen?			
(4) Wann und bei welchem Mitar-beiter kontrolliere ich lediglich das Ergebnis, nicht den Ablauf?			
(5) Sind in die Zielvereinbarungen der Mitarbeiter die Ziele der Kunden (mit Leistungs-standards) integriert?			
(6) Wie regelmässig und zeitnah erhält der Mitarbeiter Feedback, inwieweit er die (Kunden-)Ziele erreicht hat?			

Der eine fragt „was kommt danach?", der andere nur „ist es recht?". Und
dadurch entscheidet sich der Freie von dem Knecht. (*Th. Storm*)

Abb. 34: Demotivation durch Ablauf- statt Zielkontrolle
(Quelle: Karl-Heinz-Brecheis/CCC, www.c5.net)

Die Qualität der Messkriterien ist ein wichtiger Erfolgsfaktor, denn wenn die Kriterien nicht zuverlässig, nachvollziehbar, transparent und eindeutig sind, provozieren sie bei Versagen Ausreden und verlieren ihre Zugkraft als Motivatoren.

Was für Kriterien können das sein? Aus welchen Informationen können diese entwickelt werden? Exemplarisch aufgeführt seien

- Langzeitplanung,
- Budget,
- wöchentliche Arbeitspläne/Projektpläne,
- Kapazitätsauslastungen,
- Höhe von Umsatz/Deckungsbeiträgen/Skonti/Außenstände.

Beispiele:
Ein Verkaufstrainer misst seinen Trainingserfolg im Einzelhandel am gesteigerten Umsatz pro qm Verkaufsfläche.

Ein Management-Trainer misst die Wertschöpfung pro Teilnehmer und Woche.

Ein Projektleiter eines Münchner Software-Hauses misst die Güte der Zusammenarbeit mit Skalen zu den folgenden Kriterien:

- dominiert Projekt-Meetings
- Anzahl Unterbrechungen
- delegiert auch interessante Aufgaben
- moderiert
- hört aufmerksam zu

Denn: Vom Wiegen alleine wird die Sau nicht fetter – aber ich kann danach bewusst über die Qualität und Quantität des Futters entscheiden!

4.5 Reifegradspezifisch führen und unterstützen

„Wie verhelfe ich meinen Mitarbeitern auf's Siegertreppchen?"

Führen durch Zielvereinbarung heißt nicht, dem Mitarbeiter Ziele delegieren und ihn dann ohne angemessene, reifegradspezifische Unterstützung laufen zu lassen. Das wäre „laissez-aller"! Zu starke Steuerung wird allerdings als „overprotection" und Einmischung empfunden.

Daher finden Führungskraft und Mitarbeiter gemeinsam heraus:

Wieviel Führung und welche Unterstützung braucht der einzelne Mitarbeiter?

Eine für verschiedene Führungssituationen hilfreiche Vorgehensweise gibt das so genannte „Reifegrad-Modell" von *P. Hersey/K. Blanchard* an die Hand (siehe ausführlich im Heft 2 „Grundlagen der Führung", S. 101 ff.).

Hersey/Blanchard gehen davon aus, dass

- der Reifegrad (= Entwicklungsstand) eines Mitarbeiters auf ein klar abgegrenztes Ziel bezogen ist
- Entwicklung/Veränderung stattfindet (idealerweise von R1 zu R4)
- Führungskräfte Stilflexibilität an den Tag legen können
- Ziele gegeben sind.

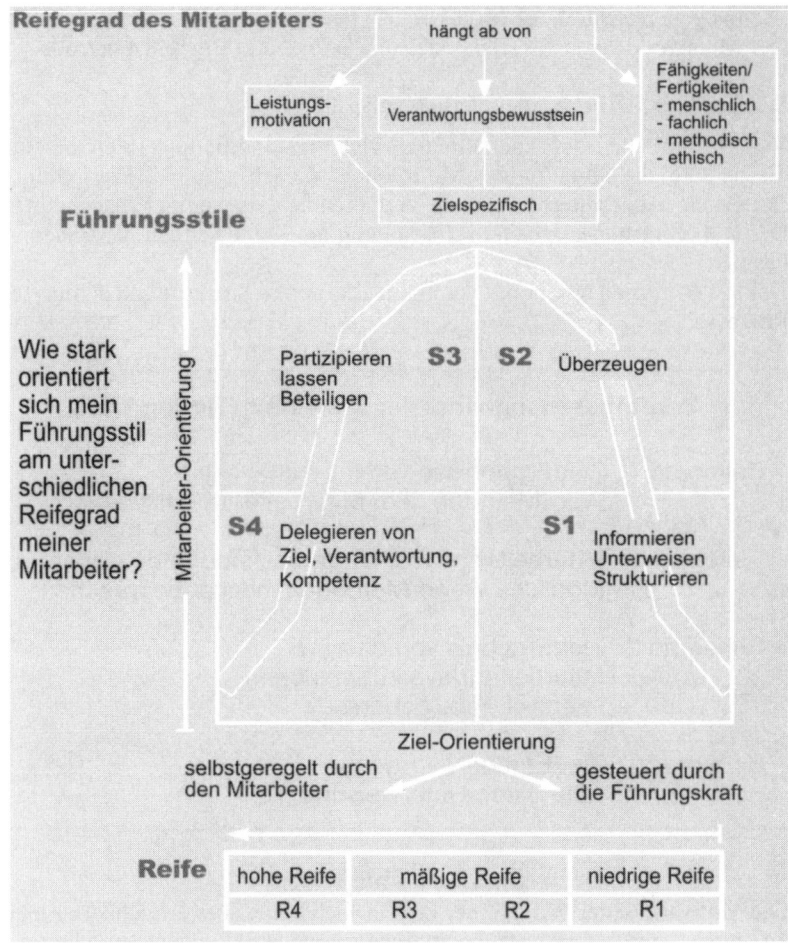

Abb. 35: Führungsstil und Reifegrad (nach *P. Hersey & K. Blanchard*)

In der Abbildung sehen Sie eine Achse für zielbezogenes Verhalten und eine weitere Achse für mitarbeiterbezogenes Verhalten.

„Gesteuert durch die Führungskraft" gibt an, wie sehr die Führungskraft bestimmt, was der Mitarbeiter zu tun hat. Stark steuert sie dann, wenn sie vorgibt, wozu/was/wie der Mitarbeiter etwas zu tun hat.

83

„Selbst geregelt durch die Mitarbeiter!" heißt:
Der Manager delegiert, verlässt sich auf Selbst- und Ergebniskontrolle.

Stark mitarbeiterbezogenes Verhalten heißt:

Viele Gespräche, viel Anerkennung, viel Verständnis und Interesse für die persönliche Situation des Mitarbeiters, Coaching und Hilfestellung. Bei gering mitarbeiterbezogenem Verhalten ist dies weniger ausgeprägt. Der R 4-Mitarbeiter arbeitet selbstständig auf beiderseitiger Vertrauensbasis.
Der R 1-Mitarbeiter benötigt vor allem eine starke Struktur und definierte Prozesse.

Vereinbaren individueller Ziele nach Reifegrad

Reifegrad 4: Ziel/Ergebnisse vereinbaren
Weg/Methode dem Mitarbeiter überlassen

Reifegrad 3: Mitarbeiter an Ziel-/Ergebnisfindung beteiligen
Mögliche Wege/Methoden mit ihm besprechen

Reifegrad 2: Ziel/Ergebnis vorschlagen
Mitarbeiter davon überzeugen
Intensive Hilfe geben

Reifegrad 1: Ziel/Ergebnis vorgeben
Hilfe durch Unterweisung

Mit „Reife" ist gemeint (nach *K. Blanchard, P. Hersey, Humbleton*):

Die Motivation (der Wille) einer Person, sich hohe, aber erreichbare Ziele zu setzen – und Verantwortung zu tragen – sowie Fähigkeiten und Fertigkeiten aufgrund von Erfahrung und/oder Ausbildung. Die Reife kann abhängig von Zielen und Aufgaben unterschiedlich hoch sein. Eine Person wird selten eine einheitliche Reife aufweisen.

Der Reifegrad ist durch zwei Aspekte charakterisiert (*O. Neuberger*, S. 519):

– *arbeitsbezogene* Reife (Erfahrung, Fachwissen, Kenntnis der Arbeitsanforderungen usw.)

– *psychologische* Reife (z. B. Verantwortungsbereitschaft, Leistungsmotivation, Selbstsicherheit und -achtung, Engagement usw.)

Beispiel:
Eine Sekretärin führt die Schreibarbeiten selbstständig in hoher Qualität aus – hier hat sie einen hohen Reifegrad. Bei der Organisation der Reisen für ihren Chef benötigt sie noch Unterstützung – bezogen auf dieses Aufgabengebiet weist sie einen niedrigen Reifegrad auf.

Je nach dem Reifegrad des Mitarbeiters wendet die Führungskraft vier unterschiedliche Führungsstile an:

S 1: Informieren, unterweisen, strukturieren
S 2: Überzeugen
S 3: Teilnahme oder partizipieren lassen
S 4: Delegieren von Ziel, Verantwortung und Kompetenz

Hilfreiche Fragen zum Thema „Reifegradspezifisch Führen und Unterstützen" sind:

	Ja	Nein	Formulierte Antwort
(1) Kann jeder Mitarbeiter in einem einzigen Satz ausdrücken, für welches wichtigste Ziel er bezahlt wird?			
(2) Kann und will er es erreichen?			
(3) Werden die vereinbarten Ziele auch energievoll verfolgt, wenn Schwierigkeiten auftreten?			
(4) Wie detailliert spreche ich die Ziele mit welchen Mitarbeitern durch?			
(5) Mit wem spreche ich außer dem Zielplan auch den Aktionsplan durch? (Reifegrad 1)			
(6) Welche Voraussetzungen muss ich als Führungskraft für den Mitarbeiter schaffen?			

	Ja	Nein	Formulierte Antwort
(7) Wie unterstütze ich den Mitarbeiter sonst? z. B.: Motiviere ich meine Mitarbeiter, indem ich sie beim Erreichen ihrer persönlichen Entwicklungsziele fördere?			
(8) Wodurch fördere ich zielorientiertes Denken und Handeln in meiner Umgebung?			
(9) Wie demonstriere *ich* Zielorientierung?			
(10) Sehen meine Mitarbeiter sich selbst und mich als Führungskraft als „sinnsuchendes Zielsystem"?			

Abschließend noch ein Wort zur Einordnung des Reifegradmodells. Es kann im Führungsalltag helfen, bildet jedoch wie alle Modelle nur einen Teilausschnitt der komplexen Realität ab. Es setzt weiterhin Führungs-Stilflexibilität bei den Führungskräften voraus – ein hoher, aber – eventuell mit Training zu unterstützender – erreichbarer Anspruch.

4.6 Zielerreichung überprüfen, Abweichungen analysieren

Ziele sind grundsätzlich zu erreichen! (Es sind ja Ziele, keine Wünsche!)
und
„Vorwürfe sind Wünsche danach!"
Die Ausgangsfrage: Wo stehen wir mit unserem Vorhaben?

Die Soll-Ist-Analyse wird anhand der vereinbarten Erfolgskriterien/ Leistungsstandards durchgeführt und basiert auf wertfreien Informationen. Lassen Sie sich nicht auf das „Gerichtssaal-Spiel" ein – dieses ressourcenverschlingende Vorgehen in vielen Organisationen, in dem man sich ausführlich mit der Suche nach dem/den Schuldigen befasst und Verteidigungs- und Abwehrstrategien aufgebaut werden! Erarbeiten Sie mit Ihren Mitarbeitern zukunftsorientierte Lösungen!

Abb. 36: Ziele sind keine Verfolger-Instrumente. „Es wird mehr Zeit damit verbracht, den Schuldigen zu finden statt die Lösung."
(Quelle: Karl-Heinz Brecheis/CCC, www.c5.net).

Gehen Sie stattdessen die folgenden Fragen zur **„Überprüfung der Zielerreichung und Abweichungsanalyse"** durch und erarbeiten Sie konstruktive Vorgehensweisen.

	Ja	Nein	Formulierte Antwort

(1) Wo stehen wir? Sind wir noch
   – im Budget
   – im Rahmen der vereinbarten
     Personalressourcen
   – im Terminplan
   – und auf dem richtigen Weg zur
     Erreichung des Qualitätszieles?			

(2) Habe ich als Führungskraft die (Zwischen-)Zielerreichung aner- kannt?			
(3) Was bedeutet die Zielabweichung für unseren Erfolg?			
(4) Habe ich als Zielverantwortlicher meinen Chef und andere Betroffene/Beteiligte ange- messen, zeitnah und sachgerecht über den Status des Vorhabens informiert?			

(5) Warum habe ich/hat mein Part-
ner welches Ziel nicht erreicht?
Haben wir uns auf die wahr-
scheinlichsten Abweichungs-
Ursachen geeinigt?
   – Unrealistisch vereinbarte Ziele
   – Unrealistische Planung der
     Ressourcen
   – Zu viele andere Forderungen
     (die ich nicht abgelehnt habe)
   – Fehlende Unterstützung
     vom Management
   – Leistungsmotivation des/der
     Mitarbeiter?
   – Verantwortungsbewusstsein?
   – Fähigkeiten und Fertigkeiten
   – Unvorhersehbare
     Ereignisse/Störungen
   – Mangelnde Risikoanalyse			

(6) Wenn nicht: Wie finden wir die Ursachen heraus?			

4.7 Maßnahmen entwickeln und entscheiden

„Keine Paralyse durch Analyse sondern Action now!"

und

„Es gibt nichts Gutes – außer man tut es!"

(nach *E. Kästner*)

Um die vereinbarten Ziele zu erreichen, werden Alternativen entwickelt. Bei hohem Reifegrad des Mitarbeiters von diesem alleine, mit seinem Team bzw. bei geringerem Reifegrad mit Unterstützung durch Führungskräfte.

Zum Beispiel: Die vorgeschlagene Alternative 1 bedeutet, dass wir unser Termin- und Qualtitätsziel halten können, wenn wir die Personalressourcen um x Manntage und somit das Gesamtbudget um x-tausend € aufstocken.

Es hat sich bewährt, Entscheidungsträgern drei Alternativen vorzustellen, mit (begründeter) Empfehlung für eine davon (Szenariotechnik).

	Antwort
(1) Welche konkreten nächsten Schritte werden zur Zielerreichung bzw. Zielkorrektur vereinbart?	
(2) Was ändern wir als erstes?	
(3) Welche Schritte leiten ein - ich selbst? - Chef? - Kollege? - Mitarbeiter?	
(4) Wodurch belohnen wir das Erreichen der vereinbarten Ziele?	
(5) Wodurch belohnen wir einen Mitarbeiter, der zum Erreichen *integrierter* Ziele beigetragen hat?	
(6) Welche neuen Ziele setzen wir uns?	

Fortsetzung

	Antwort
(7) Wie wollen wir zukünftig unsere Ziele vereinbaren?	
(8) Was können wir aus der Analyse der Abweichungen grundsätzlich lernen? (schriftlich festhalten)	
(9) Was lernen wir daraus für's konkrete nächste Projekt? (schriftlich festhalten)	
(10) Welche Entscheidungen zu Innovations-, Standard- und persönlichen Entwicklungszielen treffe(n) ich/wir?	

Abb. 37: „Eine klare Entscheidung hat Würde: Kompass – nicht Wetterfahne sein!"
(Aus: „Führen mit Kopf und Herz" von K. Kälin/P. Müri, 6. Aufl. 2001,
Ott-Verlag, CH-Bern)

5. Zum Schluss

Den Sieger erkennt man am Start:
„Jede Reise beginnt mit dem 1. Schritt."

„Wer über sich selbst lächeln kann, hebt den Fuß zum ersten Schritt der Weisheit."

Abb. 38: „Jede Reise beginnt mit einem ersten Schritt!"
(Quelle: Karl-Heinz Brecheis/CCC, www.c5.net)

Gerade in schwierigen Zeiten kommt es besonders darauf an, eine motivierte und schlagkräftige Truppe zu führen – und nicht eine chaotische Horde von Befehlsempfängern, die ihr Gehirn, ihre Begeisterung und somit ihre Leistungsmotivation an der Unternehmenspforte abgegeben haben.

Führen Sie Ihre Mitarbeiter über den Rubikon – über diese Entscheidungsschwelle, den Entschluss zu fassen – benannt nach dem Fluss, den Julius Caesar 49 vor Christus mit den klaren Worten überschritt: „Die Würfel sind gefallen." Auch an dieser Stelle war er ein Modell für „Führen ist klar sein": „Ich kam, sah und siegte!"(nach *J. Markus*, S. 27).

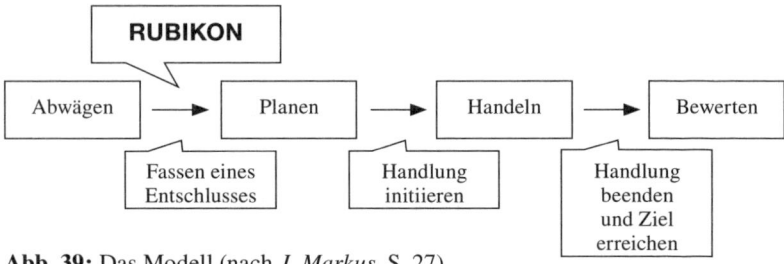

Abb. 39: Das Modell (nach *J. Markus*, S. 27)

Erfolgreiche, professionelle Führung erfordert ein positives Menschenbild, fundiertes Handwerkszeug und ein reifegradspezifisches Maß an Einbeziehung.

Die vorgestellten grundlegenden Prinzipien und praktisch anwendbaren Arbeitstechniken werden Ihnen helfen, den immer anspruchsvoller werdenden Führungsauftrag gleichzeitig menschlich, motivierend und leistungsorientiert zu gestalten – mit einem Kopf voller Ideen, dem Herz voller Energie und den Händen voller Tatkraft.

Denn wie schon clevere Mäuse feststellten:

„Alte Überzeugungen führen dich nicht zu neuem Käse."

und

„Wenn man seine Überzeugungen verändert,

verändert man auch sein Verhalten."

(*J. Spencer*, S. 61)

Und ganz zum Schluss nicht zu vergessen:

Systeme prägen, aber Menschen handeln –

und Menschen sind mehr als das System.

Reife-Test-Bogen (nach *P. Hersey, K. Blanchard*)

Bewertungsbogen

Bewerten Sie bitte pro Zielspalte jeweils fünf besonders wichtige Kriterien von den insgesamt sieben Möglichkeiten bei der Aufgaben-Reife und der psychologischen Reife. Achten Sie bitte darauf, dass dies nicht bei allen Zielen die gleichen fünf Kriterien sind. Benutzen Sie bitte für Ihre Bewertung die folgende Skala 1–8.

Hauptziele

Name: ....

Datum: ....

	1	2	3	4	5	Bewertungskriterien
1.						1. Bisherige Berufserfahrung
2.						2. Fachwissen
3.						3. Aufgabenverständnis
4.						4. Fähigkeit, Probleme zu lösen
5.						5. Fähigkeit, Verantwortung zu tragen
6.						6. Termintreue
7.						7. Arbeitskontrolle
						Aufgabenreife insgesamt
1.						1. Verantwortungsbereitschaft
2.						2. Leistungsbereitschaft
3.						3. Verbundenheit mit der Arbeit
4.						4. Ausdauer, Beharrlichkeit
5.						5. Einstellung zum Arbeiten
6.						6. Initiative
7.						7. Selbstständigkeit
						Psychologische Reife insgesamt
						Gesamtreife R1, R2, R3, R4
						Richtiger Führungsstil S1, S2, S3, S4

Aufgabenreife (Zeilen 1.–7. oben)

Psychologische Reife (Zeilen 1.–7. unten)

Anleitung zum Reife-Test-Bogen

Die folgenden Anleitungen helfen, Ihnen als Manager die Reife eines Mitarbeiters, einer Arbeitsgruppe oder Ihre eigene Reife objektiv zu ermitteln. (nach *Blanchard, Hersey, Humbleton*)

Mit „Reife" ist gemeint:
Die Motivation (der Wille) einer Person, sich hohe, aber erreichbare Ziele zu setzen – und Verantwortung zu tragen – sowie Fähigkeiten und Fertigkeiten aufgrund von Erfahrung und/oder Ausbildung in Bezug auf eine bestimmte Aufgabe. Die Reife kann einmal höher, das andere Mal weniger hoch sein, je nach der Zielsetzung.
Eine Person wird selten eine einheitliche Reife aufweisen.
Wille und Fähigkeiten drücken sich aus in einer **psychologischen Reife** und in einer **Aufgaben-Reife**.

Bevor Sie sich nun daranmachen, den Reife-Test-Bogen (siehe nächste Seite) auszufüllen:
Denken Sie einen Augenblick darüber nach, welche Erfahrungen Sie in letzter Zeit mit der zu beurteilenden Person gemacht haben.
Wie waren Arbeitsweise, Ergebnisse (Aufgaben-Reife) und Verhalten (psychologische Reife) bei den verschiedenen Arbeitszielen?
Rufen Sie sich bitte ein ganz bestimmtes Projekt ins Gedächtnis, bei dem Sie mit dem oder der zu Beurteilenden sehr zufrieden bzw. sehr unzufrieden und enttäuscht waren.

Ausfüllen des Reife-Test-Bogens

a) Tragen Sie zunächst rechts im Kopf des Bogens den Namen des Beurteilten und das Datum ein. (Da der Reifegrad sich ändern kann, ist es sinnvoll, die Beurteilung zu wiederholen.)

b) Wählen Sie aus dem Arbeitsgebiet dieser Person die nach Ihrer Meinung fünf wichtigsten Haupt-Ziele aus. Schreiben Sie diese in die fünf schrägen Kästchen links oben. (Beispiel: „Telefonisch Kundenkontakt hergestellt", bei einem Sachbearbeiter der Verkaufsabteilung.) Trennen Sie bitte diese fünf Haupt-Ziele bei der Beurteilung streng voneinander.

c) Bearbeiten Sie nun jede der fünf Ziel-Spalten. Beginnen Sie mit Hauptziel eins. Bewerten Sie diese von oben nach unten.

d) Tragen Sie Ihre Bewertungszahlen lückenlos ein.

e) Addieren Sie pro Ziel-Spalte senkrecht die Werte für die Aufgaben-Reife und psychologische Reife. Notieren Sie bitte diese Summen in den stärker umrandeten Kästchen.

f) Gehen Sie nun bitte zur Interpretations-Tabelle, sofern Sie alle Summen für Aufgaben- und psychologische Reife ermittelt und eingetragen haben. Suchen Sie innerhalb der Interpretations-Tabelle das Feld mit der Kombination Ihrer Werte für Aufgaben- und psychologische Reife.
Sie finden in diesem Feld links unten den Reifegrad des Beurteilten im Hinblick auf die konkrete Teilaufgabe. Rechts oben ist der in diesem Falle erfolgreiche Führungsstil angegeben. (Für einige Kombinationen = Felder ergeben sich Zwischen-Reifegrade mit Hinweisen auf die gleichzeitige Anwendbarkeit von zwei Führungsstilen.)
Nun übertragen Sie die Werte aus der Interpretations-Tabelle auf den Reife-Test-Bogen (links unten).
Unter jeder der fünf Ziel-Spalten stehen dann Gesamt-Reife und angemessener Führungsstil.

Beispiel: Sie bewerten die Aufgaben-Reife der Frage fünf, „Fähigkeit, Verantwortung zu tragen" zum Ziel „telefonisch Kontakt hergestellt" mit durchschnittlich. Dann setzen Sie für die Aufgaben-Reife den Wert 4 oder 5 ein. Wenn Sie die Aufgaben-Reife in diesem Punkt als außerordentlich gut bewerten, setzen Sie eine 8 ein oder bei sehr geringer Aufgaben-Reife eine 1.

Für ....

trifft zu: ....

hoch				mittel			niedrig
8	7	6	5	4	3	2	1

R4		R3		R2		R1	

1.	Hat einschlägige Berufserfahrung				Keine einschlägige Berufserfahrung			
	8	7	6	5	4	3	2	1
2.	Hat notwendiges Fachwissen				Notwendiges Fachwissen fehlt			
	8	7	6	5	4	3	2	1
3.	Weiß, was getan werden muss				Weiß nie, was getan werden muss			
	8	7	6	5	4	3	2	1
4.	Löst Probleme selbstständig				Unfähig Probleme zu lösen			
	8	7	6	5	4	3	2	1
5.	Braucht keine Überwachung				Braucht strenge Aufsicht			
	8	7	6	5	4	3	2	1
6.	Hält stets Termine ein				Wird nie rechtzeitig fertig			
	8	7	6	5	4	3	2	1
7.	Überprüft genau, ob alles fertig				Fasst nicht nach			
	8	7	6	5	4	3	2	1
1.	Ist sehr eifrig				Ist sehr widerwillig			
	8	7	6	5	4	3	2	1
2.	Hat starken Leistungswillen				Hat wenig Drang zur Leistung			
	8	7	6	5	4	3	2	1
3.	Ist sehr gewissenhaft				Ist nicht sorgfältig			
	8	7	6	5	4	3	2	1
4.	Gibt nicht auf				Steckt schnell auf			
	8	7	6	5	4	3	2	1
5.	Mag Arbeit an sich				Arbeitet, weil er muss			
	8	7	6	5	4	3	2	1
6.	Sucht selbst neue Ziele				Lässt alles, wie es ist			
	8	7	6	5	4	3	2	1
7.	Arbeitet von alleine				Muss angetrieben werden			
	8	7	6	5	4	3	2	1

Interpretations-Tabelle für Ihre Bewertung der Reife

(R = tatsächliche Reife, S = angemessener Führungsstil)

Psychologische Reife (P)		R1	R2	R3	R4
	R4	S 2 A 5 – 12 P 33 – 40 R 2	S 2/3 A 13 – 22 P 33 – 40 R 2/3	S 3/4 A 23 – 32 P 33 – 40 R 3/4	S 4 A 33 – 40 P 33 – 40 R 4
	R3	S 2 A 5 – 12 P 23 – 32 R 2	S 2/3 A 13 – 22 P 23 – 32 R 2/3	S 3 A 23 – 32 P 23 – 32 R 3	S 3/4 A 33 – 40 P 23 – 32 R 3/4
	R2	S 1/2 A 5 – 12 P 13 – 22 R 1/2	S 2 A 13 – 22 P 13 – 22 R 2	S 2/3 A 23 – 32 P 13 – 22 R 2/3	S 2/3 A 33 – 40 P 13 – 22 R 2/3
	R1	S 1 A 5 – 12 P 5 – 12 R 1	S 1/2 A 13 – 22 P 5 – 12 R 1/2	S 2 A 23 – 32 P 5 – 12 R 2	S 2 A 33 – 40 P 5 – 12 R 2
		R1	**R2**	**R3**	**R4**

Aufgabenreife (A)

Beispiel:
Sie haben bei der Beurteilung eines Mitarbeiters bei Ziel 1 (= Spalte 1) für die Aufgaben-Reife 27 Punkte und für die psychologische Reife 24 Punkte ermittelt.

Sie haben also die Kombination A = 27, P = 24.

In der Matrix finden Sie eine Gesamt-Reife R3 und einen empfohlenen, angemessenen Führungsstil S3
(nach *P. Hersey, K. Blanchard, L. Peters*)

Literaturverzeichnis

Kaplan, Robert S./ Norton, David P.	Balanced Scorecard, Stuttgart, 1997
Kießling-Sonntag, J.	Zielvereinbarungsgespräche. Erfolgreiche Zielvereinbarungen. Konstruktive Gesprächsführung, Berlin 2002
Markus, Jörg	Motivation & Kommunikation in Mitarbeitergesprächen, Osnabrück, 2001 (unveröffentlichte Diplomarbeit)
Meier, R.	Führen mit Zielen. Fördern. Fordern. Motivieren, Regensburg 2001
Neuberger, Oswald	Führen und führen lassen, Stuttgart, 2002
Schwaab, M.-O. u.a. (Hrsg.)	Führen mit Zielen. Konzepte – Erfahrungen – Erfolgsfaktoren, Wiesbaden, 2002
Simon, W.	30 Minuten für das Realisieren Ihrer Ziele, Wiesbaden, 2003
Spencer, Johnson	Die Mäuse-Strategie für Manager, Kreuzlingen/München, 2000
Staehle, Wolfgang H.	Management, München, 1999
Steffny, H./ Pramann, U.	Perfektes Lauftraining, München, 1998
Stroebe, R. W.	Arbeitsmethodik I, Heidelberg, 2000
ders.	Coo-petition – Cooperation – Competition, Bilder und Texte für Nachdenklich-Selbstkritische III, Wörthsee, 2002 (zu bestellen über den Verfasser)
ders.	Führungsstile: Management by Objectives, Heidelberg, 2003
ders.	Grundlagen der Führung, Heidelberg, 2002
ders.	Motivation, Heidelberg, 2004
Stroebe, R. W. u.a.	Faltblätter know-how compact, Wörthsee, 2000-2006 (zu bestellen über den Verfasser)
Wildenmann, B.	Die Faszination des Ziels. Wie Sie die Performance Ihrer Mitarbeiter nachhaltig steigern, Neuwied, 2002
Wunderer, Rolf	Führung, 2006, Luchterhand

„Literatur-Klassiker" zum Thema „Management by Objectives" sind:

Humble, J. W.	Ziele setzen, Gewinne steigern, München 1969
Odiorne, G. S.	Management by Objectives, München 1973

Ein aktuelles Werk zum Thema „Balanced Scorecard" ist:

Blomer, R.	Balances Scorecard in der IT, Neuwied 2002
Bernhard, M. G. (Hrsg.)	

Zur Person der Verfassser

Antje I. Stroebe

Studium der Wirtschafts- und Sozialwissenschaften in Augsburg; Auslandsaufenthalte in USA und Indonesien. Seit 1996 Mitarbeiterin eines Kreditinstituts in Leipzig und Frankfurt am Main. Seit 2001 Management-Training und -Beratung mit den Schwerpunkten Projektmanagement und Führungskräfteentwicklung. Nebenberuflich Training und Beratung für andere Unternehmen.

Kontakt: Rumpenheimer Schlossgasse 13
            D-63075 Offenbach am Main
            Tel.: 0049-69-96121370
            Fax: 0049-69-96121340
            e-mail: antje.stroebe@manager-training.de

Dr. Rainer W. Stroebe

Studium der (Wirtschafts-)Psychologie in München. Danach Leiter der Aus- und Fortbildung eines süddeutschen Großunternehmens.
Seit 1970 selbstständig mit den Schwerpunkten:
– Management-Training und -Beratung
– Persönlichkeitsentwicklung
– Organisationsentwicklung
– Coaching
– Ausbildung von Management-Trainern und -Beratern

Veröffentlichungen im I. H. Sauer-Verlag zu Kernthemen des Management-Trainings (Bände 2–9 der Arbeitshefte zur Führungspsychologie). Herausgabe von Arbeitsmaterialien für Führungskräfte (z. B. Faltblätter, CD-Rom „Management Know-how compact", Plakat „Besprechungen", Plakat „Zeit- und Energiemanagement", Karikaturenbuch „Coo-petition") im Selbst-Verlag.

Kontakt: Kuckuckstr. 47
            D-82237 Wörthsee
            Tel.: 0049-8153-7685
            Fax: 0049-8153-89403
            e-mail: stroebe@manager-training.de

Mehr Informationen finden Sie unter: http://www.manager-training.de

Praxisbezogen!

Betriebs Berater

MANAGEMENT

Coaching und Führung
Orientierungshilfen und Praxisfälle

Von Dipl.-Soz. **Michael Pohl** *und* **Michael Wunder**.
2., überarbeitete Auflage 2005,
105 Seiten mit 18 Tools, Abbildungen und Übersichten
ISBN 3-8005-7320-2
Arbeitshefte Führungspsychologie

■ Führungskräfte erhalten selbst oft nicht genug Feedback. Ausgehend von dem Grundsatz „wer führen will, braucht Coaching" wird in diesem Buch dargelegt, wie und in welchem Bereich Coaching zur Stabilisierung und Steigerung von Führungsqualität beiträgt, welche Grundsätze und Vorgehensweisen sich dabei bewährt haben und wie die einzelnen Schritte aussehen.

■ Die Autoren stellen bewährte Coaching-Tools vor, die drei zentrale Feedback- und Kompetenzebenen berücksichtigen: Führungssouveränität, Kollegialität und „selbst Untergebener sein können". Ferner beschreiben und analysieren sie anhand unterschiedlicher Praxisfälle, wie Coaching effektiv umgesetzt werden kann. Die Erfahrungen, die in diesem Buch einfließen, stammen aus der Beratungstätigkeit für Organisation und Unternehmen, Hochschulen, Fachkliniken, Verbände, Kirchen und kommunale Ämter.

Recht und Wirtschaft
Verlag des Betriebs-Berater

Ein Unternehmen der Verlagsgruppe Deutscher Fachverlag

Kompakt und
praxisbezogen!

Betriebs Berater
MANAGEMENT

Gestaltung personalwirtschaftlicher Prozesse

*Von Dipl.-Betriebsw. Dipl.-Kfm. **Horst-Joachim Rahn**.*
2005, 102 Seiten.
ISBN 3-8005-7323-7
BB-Management/Arbeitshefte Führungspsychologie, Band 57

■ Dieses Arbeitsheft gibt eine Einführung in das systematische Vorgehen zur Gestaltung personalwirtschaftlicher Prozesse. Es möchte interessierten Lesern helfen, Ansatzpunkte und Anregungen für die effiziente Entwicklung personalwirtschaftlicher Prozesse zu finden. Dabei geht es um die Verkürzung von Durchlaufzeiten im Personalbereich, die Erhöhung der Prozessqualität, die Verbesserung personalwirtschaftlicher Innovationen, die Senkung personalwirtschaftlicher Prozesskosten und um termingerechte Personalarbeit.

Das Werk ist klar strukturiert, anschaulich und verständlich geschrieben, sodass der Leser einen schnellen Zugang zu diesem komplexen Thema erhält. Insgesamt werden 40 einfache Beispiele personalwirtschaftlicher Prozesse vorgestellt.

Recht und Wirtschaft
Verlag des Betriebs-Berater
Ein Unternehmen der Verlagsgruppe Deutscher Fachverlag

Arbeitshefte
Führungspsychologie

Betriebs
Berater
MANAGEMENT

Herausgegeben von Prof. **Dr. Ekkehard Crisand** und
Prof. Dr. **Gerhard Raab**.

Berkel, Konflikttraining
Brinkmann, Intervision
Brinkmann, Mitarbeiter-Coaching
Comes, Moderne Personal-Ent-Wicklung
Crisand, Das Gespräch in der betrieblichen Praxis
Crisand, Methodik der Konfliktlösung
Crisand, Psychologie der Persönlichkeit
Crisand, Psychologische Grundlagen im Führungsprozess
Crisand, Soziale Kompetenz
Crisand/Crisand, Know-how der Persönlichkeitsbildung
Crisand/Crisand, Psychologie der Gesprächsführung
Crisand/Crisand/Adler, Das Sachgespräch als Führungs-
instrument
Crisand/Kiepe, Psychologie der Jugendzeit
Crisand/Lyon, Anti-Stress-Training
Crisand/Zürker, Prinzipien der Führungsorganisation
Keller, Professionelle Kommunikation
Knapp/Novak, Effizientes Verhandeln
Koreimann, Projektmanagement

Recht und Wirtschaft
Verlag des Betriebs-Berater
Ein Unternehmen der Verlagsgruppe Deutscher Fachverlag

Arbeitshefte
Führungspsychologie

Recht und Wirtschaft
Verlag des Betriebs-Berater
Ein Unternehmen der Verlagsgruppe Deutscher Fachverlag